내가 개미 혹은 좁쌀만 한 크기가 되어 그 모형 한가운데 있다고 상상해 보았다. 평평해 보였던 캔버스의 모든 것이 거대해 보인다. 화가가 한 획 한 획 쌓은 물감의 층은 예상 외로 깊은 계곡을 이루고 있었다. 이따금 제대로 메꾸어지지 않은 부분은 마치 끊어진 지층처럼 보인다. 그 단면 층은 화가가 색을 겹겹이 칠한 의도나 채색 시 그의 무의식적 습관 같은 것을 적나라하게 드러내고 있다. 대자연의 협곡과 미국 중부 어딘가에 끝없이 펼쳐진 옥수수밭이 동시에 보이는 장관은 화가의 완전한 세계를 위해 축적된 시간, 그리고 그에 도움을 준 우연한 요소들―우리 모두에게 평등한 물리법칙, 중력 같은 것―에 대한 경외심을 불러일으켰다. 계곡의 층은 그림을 수직으로 혹은 수평으로 놓고 그렸는지와 같은, 중력과 획의 방향을 드러내는 표식이나 다름없다. 계곡에 남은 흔적들은 화가가 붓질로 그런 물리법칙을 역행하거나 나름 제어하려 하기도 했음을 짐작하게 했다.

이렇게 아름답고 완전한 모형이 어째서 카메라와 모니터를 지나 프린터로 빠져나오면 이렇게 납작해져 버리고야 마는 것일까. 아쉬운 마음에 모니터 속 이미지―작품 사진이 인쇄된 도록을 스캔한 이미지―를 다시 본다. 내가 본 화가의 원본 그림과도, 방금 본 도록의 이미지와도 확연히 다르다. 사진의 입자, 그리고 인쇄된 종이의 질감이 더해졌다. 그것은 종이에 인쇄된 이미지를 보았을 때는 인식하지 못했던 질감이다. 아마도 누군가가 구형 스캐너의 렌즈를 거친 천으로 닦아 놓았는지 미세한 수직선 패턴 노이즈도 이미지 위에 얹혀 있다. 복잡한 지형과 같은 원본의 유화 그림에 전체적으로 균일한 직교 좌표-선들을 그으려면, 캔버스 위에 수직으로 놓인 빔 프로젝터로 정밀히 쏘기라도 해야만 겨우 흉내 낼 수 있을 것이다.

나는 다시 개미 혹은 좁쌀만 한 크기가 되어 모니터에 올라선다. 모니터 면에 수직으로 서서, 회화가 수평으로 놓이며 드러냈던 장관, 그 자연의 협곡이 모니터에도 있는지 재차 확인해 보려 한다. 이번엔 아무것도 발견할 수 없다. 모니터의 유리면은 주변 사물들을 반사하고 있고, 혹여 반사 각도를 벗어나 유리면 아래쪽 그림이 눈에 보이더라도 너무 균질해서 그곳에선 어떤 높낮이도 찾을 수 없다. 심지어 높낮이를 비교할 만한 어떤 것도 찾을 수 없다. 이번엔 모니터 바깥에 붙은 포스트잇 종이의 말린 귀퉁이에 올라서서, 조금이라도 더 높은 곳에서 경치를 바라보려 한다. 그러나 사각형의 점들이 밀도와 분포를 달리한 채 격렬히 깜빡이고 있을 뿐이다. 이미지의 높고 낮음, 레이어의 깊이를 확인해 볼 수 있는 유일한 방법은 단지 위성이 궤도 위에서 지구를 바라보듯, 평평해진 등고선들을 읽고, 상상하는 방법밖에 없다.

이런 우주공간과도 같은 곳에서, 현대 예술가는, 디자이너는, 건축가는 이미지를 다룬다. 중력도 없고, 질료도 없고, 높이 축, 방향성도 전무한 이곳은, 심지어 시간에도 얽매이지 않는다. 한번 그었던 획도 다시 없던 것으로 되돌릴 수 있다. 되돌린 후에는 그 존재의 흔적조차 확인할 수 없다. 만화가가 펜터치 후 연필 스케치를 지우개로 지워도 그 흔적은 미세하게 남는다. 이미 칠한 유화 물감 위에 꼼꼼히 흰색을 덧입히더라도 그 흔적은 남을 수밖에 없다. 하지만 이곳에서는 처음부터 그것이 없었던 것처럼 하는, 그야말로 완벽한 삭제가 가능하다. 물감을 다루는 순서, 붓질의 순서도 상관없다. 만일 잘 분화된 계층에 놓이기만 한다면, 쌓이는 순서와 구조의 안과 밖을 뒤바꿔 버릴 수도 있다. 이제 이미지 생산을 위한 모든 행위를 개별적으로, 세세하게 조정할 수 있게 되었다. 즉 전자공간에서의 이미지란 설령 3차원의 좌표 상에서 만들어졌더라도 결과적으로 도면화된, 모델을 만들기 위한 개념에 더 가까워졌다. 전자공간 속 이미지는 규모를 가늠하기 어려운 레이어 구조체 위에 살짝 얹어 놓은 선물 포장지 같다. 포장지, 선물의 무게와 두께는 전혀 느껴지지 않겠지만. 아마도 포토샵 같은 광학편집도구의 돋보기 도구 속에서, 혹은 스마트폰의 핀치줌 – 확대, 축소, 패닝과 같은 수직 수평을 다루는 손가락 움직임 – 을 통해서만 일시적으로 시공의 위계를 포착, 인식할 수 있을 것이다. 즉 디지털 화면 너머 우리 육체의 움직임이 요구된다. 나는 이제 다시 전자공간으로 기어 들어가 더 강력해진 눈으로 포토샵 편집도구를 테스트해 보기로 한다. 개미만 한 나는 컨트롤 플러스와 마이너스를 반복해서 누르며 수 초 만에 1픽셀에서 3200퍼센트까지 줌인, 줌아웃 한다. 평평해만 보이던 공간이 사실 올림픽 개막식을 위해 펼치는 카드 섹션과도 같다는 것은 확대 축소 명령을 통해 여실히 드러나고 있다. 관측하는 나의 위치는 물론 처음 위치 그대로다. 화면 속 흐릿해 보였던 입자들은 또렷해지며(혹은 흐릿해지며) 광원 점들의 분포와 크기를 바꾼다. 레이어를 켜고 끄고, 속성을 바꿀 때마다 이미지 안에 담긴 것들 사이의 위계를 짐작하고 조절할 수 있다. 초평면 속 감각은 동전이 앞뒤를 보이며 돌듯 반복되는 움직임들, 그리고 반응을 인지하는 시각-뇌에 의존한다. 손가락과 안구의 영민한 운동으로 다각도, 다초점, 초고해상도와 열화된 웹 이미지를 넘나들며 객체와 질료의 관계를 적극적으로 모색하지 않는다면, 그 어떤 시간과 공간도 붙잡지 못하고 말 것이다.

대다수는 광학도구의 정복을 꿈꾸기보다는 그에 종속당해 끌려다니는 노예가 된다. 그들은 과거 이탈리아의 건축가가 거금을 주고 장인을 부리는 것과는 정반대의 상황에 직면하였다. 물론 일인실 넉 달 치 월세에 필적하는 거금을 들여 마련한 이 정밀한 광학편집장치가 딱히 식비나 편안한 잠자리를 요구하지 않는다는 점은 분명해 보인다. 그러나 기계는 역으로 제 주인에게 보이지 않는 갈고리와 낚싯줄을 휘감고서 이래저래 명령할 것이다. 방향 잃은 창조자, 스스로 설정한 규율 하나 없는 가녀린 존재는 확대와 축소, 패닝, 레이어의 눈동자를 켜고 끄는 동작만을 습관처럼 반복하고 있을 뿐이다. 며칠 밤을 모니터와 씨름하며 밤을 꼴딱 새운 주인은 정크푸드와 부족한 수면으로 피부가 무척 상했다. 모니터에 비친 자신의 푸석한 얼굴을 보자마자 한숨 쉬며 되뇌인다. "아날로그라면, 이렇게 우리를 배신하지는 않았을 텐데." 과연 그럴까? 프린터에서 마지막 장이 인쇄된다. 나는 프린터와 모니터를 지나며 평평해져 버린 이미지에 어떤 굴곡이라도, 흔적이라도 남겨야 할 듯한 기분이 되어 서둘러 한 장씩 종이를 절반으로 접는다. 기계가 아닌 나의 손은 종종 정확한 절반을 맞춰 접지도 못했다. 삐뚤거리는 페이지들을 겹쳐 놓고선 중철 스테이플러로 대충 찍었다. 그렇게 만든 묶음은 제법 두꺼워졌고, 무게도 생겼다. 책장을 넘길 때마다 나타나는 이미지들은 모니터와는 전혀 다르게 페이지 레이아웃 중앙에 접힌 흔적을 드러낸다. 두둘두둘한 종이의 텍스처는 이미지에 골고루 퍼져 있다. 레이저 프린터의 검은색 잉크가 형광등 조명에 조금씩 반사되기도 한다. 책 전체 두께에 아무런 영향을 미치지 못하는 잉크가 만들어 내는 미시적 레벨의 차이. 그 차이가 몇 십 페이지에 걸쳐 더하는 무게를 느끼고서야(물론 잉크는 전체 무게에 거의 아무런 영향도 미치지 못한다.) 모은 이미지들이 바람에 날아가지 않을 것 같아 안심했다.

이렇게 만든 종이 책은 이제 평평한 무엇이 아닌 듯해 보인다. 이제야 마음이 놓인다. 그다음에는 모니터 옆에 놓인 아이폰으로 그럴듯한 사진을, 스스로 만든 진의 인증샷을 한번 찍을 차례다. 인간이 만들어 낸 삐뚤빼뚤함, 싸구려 프린터의 허술함은 조그마한 스마트폰 렌즈 안으로, 내부 시시디 안으로 통과하며 여과될 것이다. 스마트폰으로 찍은 사진의 노이즈는 허술한 책과 책이 놓인 배경에 일괄적인 텍스처를, 마치 살아 있음을 증명하는 듯한 흔적을 부여한다. 살짝 어긋난 시점, 종이의 굴곡이 그대로 드러나는 나만의 책, 그것은 즉물성을 상징하는 아날로그의 실체로서 다시 두께도 무게도 없는 세계에 1인치당 72개의 픽셀로 기록되고 있다. ✦

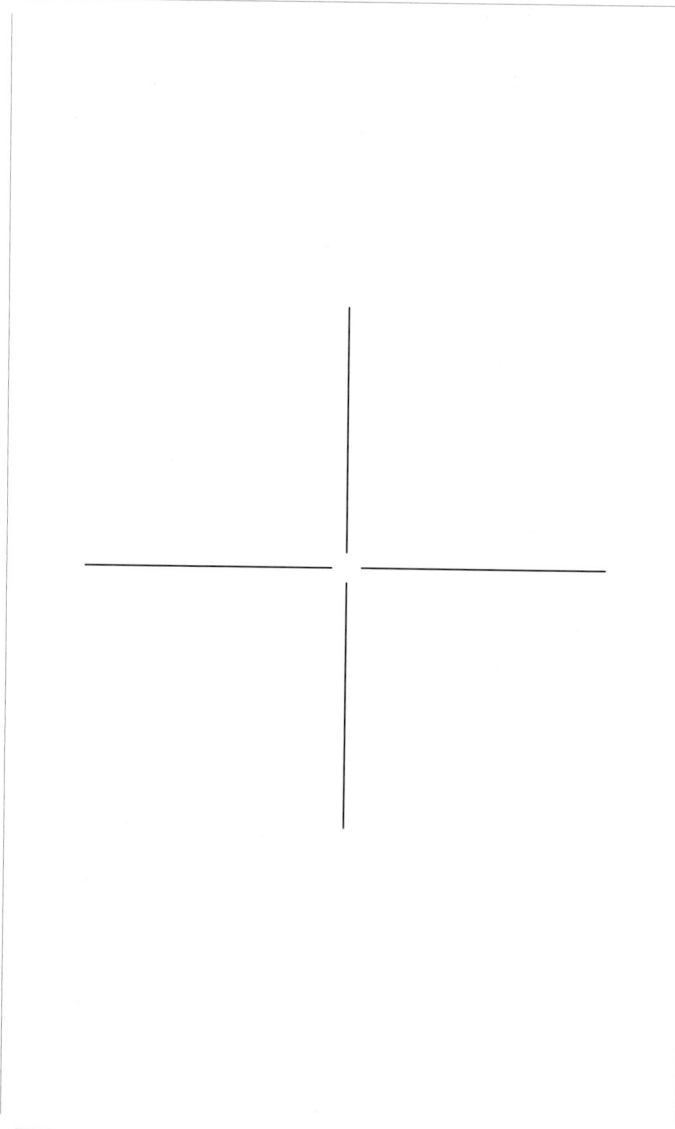

0. 『포토샵 브러시 텍스트』는 2013년부터 1년간 인터넷에서 공유된 포토샵용 디지털 브러시에 대한 이야기입니다. 포토샵이란 수백 명의 수학자와 그래픽 디자이너, 개발자가 함께 모여 만들어 낸, 지난 세기말 처음 선보인 이래로 창작자들에게 가장 널리 쓰이는 디지털 이미지 편집도구입니다. 이 책은 포토샵 프로그램 내부의 많은 도구들 중에서도 극히 일부인 브러시 도구에 대해서만 다룹니다.

디지털 브러시는 디지털 도구 인터페이스에서 정말 작은 부분입니다. 아마도 보통 기법서에서 언급조차 되지 않는 영역이라 봐도 좋을 것입니다. 하지만 현대 창작자들의 연필과 노트를 대신하게 된 포토샵이라는 도구, 그중 수정과 편집을 위해 사용되는 중요한 도구들, 닷지, 번, 힐링, 도장, 지우개, 블러툴 등의 최종 출력을 컨트롤하는 최종 출력 장치가 바로 브러시라는 점을 생각하면 이 점은 다소 의아합니다. 이 책은 전체 도구의 축소판과 같은, 그러나 여태껏 많이 다룬 적 없었던 작은 기술에 주목하고 있습니다.

책은 크게 디지털 브러시와 전반적인 디지털 프로세스에 관련한 텍스트, 다이어그램을 다룬 앞부분과, 이미지 예시와 사진 작업으로 이뤄진 뒷부분의 두 챕터로 구분되어 있습니다. 전반부는 브러시와 도구에 대한 글입니다. 다이어그램은 설명 글 위치와는 조금 떨어뜨려 놓았습니다. 종래 기법서와 달리 컴퓨터 화면의 촬영, 스크린샷을 사용하는 것을 최대한 배제하였으며, 디지털 용어는 대부분 각주 없이 영문 그대로 담았습니다. 용어의 쓰임 또한 그래픽 디자인 업계 사람들이 일반적으로 사용하는 방식이 아닌 경우가 종종 있습니다. 저자는 조형 분야, 예를 들면 화가, 건축가, 디자이너, 프로그래머 들이 자기 언어로 해석할 수 있기를 원한다 말한 바 있습니다.

이런 형식이 브러시 제작자의 입장에서도, 편집부 입장에서도 쉬운 선택은 아니었습니다. 하지만 불친절하기로 치자면, 지금 같은 디지털 시대에 책이라는 미디어를 선택하는 것부터 이미 친절과 효율과는 담을 쌓는 방법일 것입니다. 튜토리얼은 유튜브 같은 동영상 사이트에서 활발히 업로드되고 있고, 이것이 더 직관적으로 이해하기 쉽습니다. 예를 들어 더 정확한 그림 예제들은 인터넷에서 찾을 수 있고, 기법에 대한 궁금증은 소셜미디어 같은, 직접적인 창구에서 언제든 질문할 수 있습니다. 디지털 공간에서의 질의 응답 페이지들은 분명 편집되지 않은 날기록으로 남아 있을 것입니다. 결국 굳이 불완전한 매체를 선택한 셈이랄까요. 그러나 저희 편집부는 "책"이 여러 네트워크들의 중간 즈음에서 파편적으로 나뉜 정보를 편집해 이어 주는 소실점 역할을, 오히려 현실세계로부터 로그인이 가능한 물리적인 버튼의 역할을 할 것으로 기대하고 있습니다. 실시간 업데이트를 할 필요가 없고 유행에도 영향받지 않기를 바랍니다.

본문에서 다루는 브러시 구성 원리와 작동 방법은 패턴(기하), 구축하기(텍토닉), 텍스처(질료)라는 카테고리, 즉 건축 언어로 다뤄지고 있습니다. 이런 구분 방법은 여러분들께 무척 생경할 것입니다. 저자는 예술가도, 그래픽 디자이너도, 과학자나 엔지니어도 아닌, 건축가입니다. 재현의 많은 부분을 디지털 이미지 편집도구에 할애하는 입장에서, 저희는 이 방법이야말로 그가 스스로 가장 명쾌하게 설명할 수 있는 길이라 믿습니다. 다행스럽게도, 건축 용어와 개념은 디지털 이미지 편집도구의 용어와 의미적으로 상통합니다. 디지털 용어들은 2디, 3디를 막론한 다른 그래픽 프로그램과 예술, 시각 디자인 이론에서도 골고루 통용되고 이해할 수 있는, 일종의 공통용어이기도 합니다.

마지막으로, 예시 이미지들은 모두 앞서 거론한 생각들을 토대로 만들어진 것이며, 저자가 네트워크에 공유했던 개인화 브러시 세트와 그 테스트 결과, 건축 사진가, 또 후원자들의 도움으로 이뤄진 것임을 주시해 주십시오. 한 사람의 손에서, 단 한 번의 완벽한 기획에서 나온 것이 아닌, 다양한 영역의 사람들, 개인과 집단이 불연속적으로,

현실과 디지털 공간을 넘나들며 협력한 결과물이라는 것을 말입니다. 이 책을 구입해 볼 정도의 독자라면 디지털 저작도구에 대해 이미 많은 것을 숙지한 상태일 것입니다. 혹은 그와는 정반대 편에서, 책을 읽고 나서도 도구를 절대로 사용하지 않을 분들도 계시겠지요. 다소 혼잡한 구성이라 해도 직관적으로 이해할 수 있는 분과 그렇지 못한 분, 이미지를 직관적으로 이해할 수 있는 분과 그렇지 못한 분이 있을 것입니다. 어떤 분들께 이 책은 너무 일반적이고 쉽지만, 누군가에게는 어려울 수 있습니다. 불필요한 설명은 과감히 건너뛰기도 하며, 낯선 단어가 난무하기도 할 것입니다. 하지만 저희는 생소한 표현과 불친절해 보이는 태도가 책의 이해를 방해하는 장애물이기보다는 볼 때마다 흥미를 자아내는 낯선 풍경처럼 보이기를 바랍니다.

초타원형 편집부 드림 ✦

1. 이미지를 다루고 편집하는 기술은 점점 더 중요해지고 있습니다. 아마도 이제 '만드는 것'이 쉽지 않은 일이 되었기 때문인지도 모릅니다. 만들어지지 않은 제품, 지어지지 않은 건축물, 아직 인쇄되지 않은 그래픽과 사진이 어딘지 모를 초평면-컴퓨터 디스플레이 내에서만 외롭게 전시되어 있는 상황은 오늘내일의 일이 아닙니다. 경쟁은 심화되어 진짜나 다름없는 가짜 이미지들이 제 자신을 뽐내는 동안 저 이억만 리 떨어진 이들끼리 호불호를 떠드느라 바쁩니다. 소셜 네트워크라고 불리는 새로운 연결망이 더 빠르고 유기적인 네트워크로서 우릴 도와줄 줄 알았습니다만 정작 게시물 아래쪽에는 그것의 실체 없음, 껍데기라 부를 수조차 없는 공허함을 지적하는 댓글이 가득합니다. 아름답지 않은 공간, 중력 없는 공간의 구조체, 불성실함, 얕은 거짓말로 점철된 이미지들. 거기 어쩌다 실체화된 작품은 그럴듯한 이미지와의 간극만을 보이며 제작의 문제점을 드러내고 맙니다.

상황은 나아지기 어려워 보입니다. 직접 만져 보지도 않은 물건이나 가 보지도 않은 장소에 대해 사람들은 평가하고 끌어내리기 바쁘니까요. 연결망은 이미지들을 검색해서 비슷한, 심지어 더욱 완성도 높은 '과거'를 찾아내어 우리 눈앞에 드러냅니다. 그리고 이제 막 제작을 시작하려는 이들을 힘 빠지게 만듭니다. 제2차 세계대전 후 인류의 발전상을 목도했던 세대들이 아무것도 없는 곳에서부터 새로운 돌파를 위해 몸부림쳤던 것을 떠올려 보자면, 풍요롭게 자란 젊은 세대가 참 나약하다 비웃을지 모릅니다. 현실 탓만 하는 철없는 애송이라고요. 하지만 맞서야 할 대상이 있고, 모두의 정확한 요구가 있었던 시절과 지금을 어찌 비교할 수 있겠습니까? 세상은 더욱 평평해졌고, 어느 계층에 있건, 사람들은 자신이 무엇을 원하는지조차도 모르고 단지 설명할 수 없는 욕망으로 가득 차 있습니다. 낙차가 있는 곳을 발견하고 또 찾아 메꾸는 일은 이제 너무도 지루하고 고된 싸움이 되어 버렸습니다.

지난 수년간 우연히 만난 우리들은 모두 뿔뿔이 흩어졌습니다. 새로운 경험을 찾아 누군가는 유럽의 명망 있는 건축가 밑으로, 또는 미 대륙의 수준 높은 교육기관으로 들어갔습니다. 도시의 미래상을 그리는 일에 참여한 이도 있었습니다. 또 작은 규모의 회사에서 현실적인 일에 몰두하는 친구도, 고향에서 새로운 시작을 준비하는 이들도 있습니다. 이렇게 힘든 시기에 제 위치에서 최선을 다하며 앞으로를 모색하는 일은 그 자체로서 얼마나 값집니까. 새로운 것을 만들 그날을 위해 서로 더욱 정진하지 않으면 안 되겠습니다.

여러분들께서는 모임에서 이미지와 도구, 방법론에 대해 늘 정신없이 떠들던 제 모습을 기억할 것입니다. 아름다운 현실을 창조하는 망상의 첫 단추로서, 이미지는, 이미지를 만드는 방법은, 이미지를 만드는 기본 도구를 생각하는 것은, 그저 뜬구름 같은 것이 아니었습니다. 그 자체가 설계와 계획이자, 구성원 모두를 격려하고 북돋는 또 다른 현실 그 자체였습니다. 그래서 떠들다 날아가 버리는 말보다는, 차분한 글로 이미지를 만드는 기술과 효용, 그리고 이미지를 다루는 즐거움에 대해 담아낸 제 생각을 읽어 봐 주시길 부탁드리겠습니다.

모두의 쉬운 이해를 위해 한글로 쓴 이 책은, 단순한 도구 기법서를 표방하지 않습니다. 목차를 보시고 눈치채신 분도 있으시겠지만, 기하와 텍토닉, 질료, 즉 건축 조형의 가장 근본적인 세 가지 원리로서 시작과 끝점을 잇고, 쌓아, 구성하는 방법으로 전개하고 있습니다. 방향과 시점, 배율을 달리해서 본 건물의 구축 과정에 비유했다 보아도 과언이 아닐 것입니다. 책은 그런 시점을 공유하는 건축가의 글과 사진가의 사진으로, 또 브러시로 구축된 세계-예제들, 이미지와 텍스트가 별다른 맥락 없이 혼재되어 출렁대고 있습니다. 하지만 이런 텍스트-이미지들은 종이-책이라는 이 시대 그 무엇보다 제한된 물리적 프레임에, 제한된 해상도와 페이지 숫자에, 단단히 고정되어 있기도 합니다. 정확해지면 정확해질수록 뚜렷해질 수 없는 탓에 단지 이러한 방법만이 모호한 현실을 드러낼 수 있다 믿는 저의 한계인지도 모르겠습니다.

모쪼록 제 글을 읽어 주시고 재현과 기술에 탐닉한다 비방하려는 자들의 말에 속지 마시길 부탁드립니다. 그리고 이미지를 비물질과 물질의 두 가지 상태를 넘나들며 읽어 보려는 저의 노력을 이해해 주시기 부탁드립니다. 특히 저를 믿어 주는 분들의 격려는 더할 나위 없는 버팀목이 될 것입니다. ✦

2. 기억하고 있을지 모르겠지만, 레온 바티스타 알베르티가 필리포 브루넬레스키에게 보낸 편지에 이런 문구가 있었다. "필리포, 만약에 우리가 누구의 지도도, 모방할 모델도 없이 지금껏 들은 적도 본 적도 없는 예술과 과학을 발견한다면 우리의 명성은 더욱 높아질 거예요." 브루넬레스키는 정말 그가 고안한 텍토닉으로 전례 없던 건축물을 만들어 냈고, 알베르티는 당대 기술을 통해 건축물을 '발생'시키는, 전에 없던 방법론을 생각해 냈지. 그리고 그들은 그들이 원한대로 불멸의 명성을 얻게 되었다. 이 시대에, 어쩌면 새로운 알베르티와 브루넬레스키가 나올 수도 있지 않을까? 이건 네 물음이었다.

나는 질문에 도나토 브라만테를 떠올려 본다. 브라만테에게 알베르티는 그의 바로 전 세대인 아버지뻘이고 브루넬레스키는 할아버지 연배쯤 되겠지. 어느 천재 건축가가 중요한 시대적 흐름에서 그가 할 수 있었던 많은 일을 그의 바로 위 세대가 이미 다 해 버렸다는 것을 알았을 때, 그가 느끼는 열패감이란 어떤 것이었을까? 나는 우리들이 놓인 상태가 바로 브라만테가 보낸 그 하이르네상스의 변곡점과 닮아 있다 생각한다. 새롭고 극단적인 실험은 이미 누가 다 해 버려서 양식만 남아 있는 상태.

1960년대 말, 미국 서부의 리처드 노이트라를 끝으로 초기 모더니스트들, 그 1세대가 모두 숨을 거두었을 때, 건축은 비로소 전통적인 언어와 규범에서 벗어나 새로운 방법론을 찾을 수 있는 자유를 얻었다. 그리고 동시대의 문학, 철학, 예술 그 모든 것은 건축의 질료가 되었다. 당시 최첨단 기술이었던 컴퓨

터도 그중 하나였다. 아날로그와 디지털 기술의 모든 스키조프레닉, 즉 분열증적인 실험의 끝에 지금의 스타 건축가들이 있는 것이지. 그리고 우린 그들이 펼쳐 놓은, 끝도 없는 자가복제적인 건축물 이미지를 양식 삼아 작금의 건축이란 것을 하고 있다.(이들 스타 건축가 중 가장 젊은 축인 헤르조그 앤드 드 뮈롱이 1950년생 동갑내기니까, 나에게는 정확히 아버지뻘쯤 되겠다.)

브라만테가 특별한 점은 그가 르네상스 건축가 중에는 거의 유일하게 조각 대신 회화에 집중한 건축가라는 점일 게다. 당시 대부분 건축가들은 선배가 해 놓은 양식을 따라서(도제 관계였으니까) 건축물에 들어갈 조각을 하고 이를 통해 물성을 익히고 그걸 건물에 적용했었다. 그런데 브라만테는 달랐지. 그의 건축은 요즘 친구들이 라이노로 3차원 조각을 하는 것처럼 형태에 집중되어 있던 게 아니라, 2차원에 담겨 있었다. 그의 평면, 입면, 단면에는 그가 생각하는 건축물의 기하와 질료, 그리고 텍토닉이 모두 담겨 있었다. 그에게 그림, 드로잉은 고도로 추상화된 건축적 언어이자 선언이었던 셈이지. 그래서 실제로 벽돌 한 장 올린 적도 없음에도 성베드로 대성당의 수많은 건축가의 목록에서 그의 이름을 가장 머리에 올려놓은 것이겠지. 그런데 말이야, 브라만테는 왜 그랬던 것일까?

건축처럼 수천 년간 변화 없이 문화 사상적 프레임의 변화만으로 유지된 역사는, 흥미롭게도 시대마다 묘하게 닮은 데가 있다. 물론 브라만테처럼 위대한 건축가에게 남루한 우리들을 투영하는 것 자체가 기막힌 일일 테지만……. 나는 그가 우리처럼 절박했다 생각한다. 그래서 무엇이든지 다르게 해야 했을 것이다. 나 또한 그의 삶을 트레이스해 볼 정도로 절박하다.

오늘 밤, 모든 상황은 쉬워 보이질 않는다. 조금의 불편함 정도는 감내해야 하지. 모든 것이 이미 있는 것처럼 느껴지고, 누군가 해 버렸다고 생각되는 시대에서 우리에겐 스스로를 증명할 기회도 좀처럼 주어지지 않는다.(만프레도 타푸리가 건물을 지어 증명하라고 피터 아이젠만에게 호통쳤을 때, 그가 "알았소." 하고 당장에 건물을 지을 수 있었던 시대는 이미 아득한 전설처럼 느껴진다.) 그렇다고 정말 네 말 속 누군가처럼, 현실과 기시감 없을 정도의 이미지를 만들고 이 재현의 과정의 기술적 성취에 만족하고 위안만 해 버리면 다일까? 그것이 건축이라면 곧 컨벤션에 함몰되어 버릴 미래만 남아 있을 것이다.

우리에게 필요한 것은 프로포지션을 세울, 아주 작은 긴장감이다. 조그맣더라도 분명한 긴장감을 찾아야 비로소 그곳에 첫 발을 디딜 수 있을 테니까. 그래서 할 수 있는 한, 될 수 있는 한, 모든 사례, 레퍼런스를 모아서 새롭게 재구성하고 연결 지어야지. 그렇게 해야만, 어쩌면 비로소 알베르티의 서신으로 돌아가 볼 수 있을 것 같다.

들은 적도 본 적도 없는 건축이란 없겠지. 건축은 발명도 하지만, 발견도 하는 것이니까 우리는 모은 레퍼런스 자체를 그대로 트레이스할 수 있겠다. 또, 재편된 레퍼런스를 다시금 질료 삼아, 쌓고 다듬기도 할 수 있겠다. 이 모든 것이 누구도 생각하지 못한 것이건, 알고는 있지만 하지 않은 것이건, 발견을 통해 오포지션으로서 새로운 긴장을 만들어 낸다면, 그때 어떤 프로젝트가 완성될 수 있을 것이라고 생각한다.
네 책이 프로젝트로 가는 큰 첫걸음이 되길 바란다.
지금까지 함께 걸어왔고 앞으로 함께할 동료로서 큰 박수와 격려를 보낸다.

케임브리지에서,

건호.

추신.
처음 만났던 5년 전을 기억해 본다. 서로 간을 보던 일련의 대화, 인사치레를 끝내자마자 어렵지 않게 친해졌지. 그리고 너는 말을 하기 시작했다. 그건 통상적인 대화라기보다는 폭포가 높은 곳에서 낮은 쪽을 향해 떨어지는 듯한, 한쪽이 다른 한쪽으로 끊임없이 쏟아내는 흐름과 같았다. 대화의 내용도 중구난방인 게 자신도 모르는 어떤 거대한 그림의 작은 조각을 하나씩 하나씩 보여 주는 것과 같아서, 오랜 시간 공들여 듣지 않는다면 구체적인 그림이 떠오르지도 않는 것들이었다. 사실 미친 듯 떠들던 너의 말을 모두 귀담아듣지는 않았다.(그것은 아마 불가능한 일이었을 것이다.) 하지만 네 말 속에 반복적으로 등장하는 것들, 그리고 그것들이 스스로 트레이스되고 구체화하는 것을 발견할 때면, 이 친구가 아주 미친놈은 아니구나라고 생각했다.
어느 현대 철학자는 모든 재현의 양식과 정체성은 자기 역사적 실체가 너무 무거워져 결국 존재 방법론을 숨김없이 보여 주는 것을 멈춘다고 했다. 하지만 옆에서 끊임없이 휘발해 가는 네 말들은 시간이 지나면서 줄어들거나 그 톤이 바뀌지 않았지. 나는 그렇게 온전히 너의 이야기를 들을 수 있어서 즐거웠다. 그리고 그냥 두면 날아가 버릴 것 같은 말들에 코멘트를 달아 두기로 했다. 말은 입에서 나와 곧 사라지는 잡설 같았어도 우린 말들을 실체처럼 관찰하고 다듬어 갈 수 있었다고 생각한다. 처음의 구름 같은 말들이 시간과 공간에서 제 모양을 잡아가고 하나둘 다른 형태로 재현되어 전뇌공간에 폐허처럼 쌓여 갈 때마다, 나는 네가 곧 그 안에서 정말 하고 싶은 말들을 깨끗하고 정제된 방법으로 해낼 수 있을 것이라 생각했고, 기뻤다. 이미 읽어 버린 것 같은 책이지만 즐겁고 절절하게 기다리고 있을게. ✦

3. 초등학교 산수 시간에 작도라는 것을 배운 기억이 있다. 컴퍼스와 눈금이 없는 자를 두고, 선을 절반으로 나눈다든지, 생명의 나무와 같은 패턴을 그려 본다든지 하는 것이다. 수학 문제에 나오는 단순한 도형이 실제로 그렇게 그려지기 위해 얼마나 많은 흔적들을 남겨야 하는지 이전까지는 몰랐다. 나무 자, 금속으로 된 컴퍼스, 플라스틱 각도기를 만지며 손끝에 느꼈던 감각을 떠올린다. 나는 모눈종이 위에 제대로 정의된 사각형과 오각형을 그리기 위해 원 운동을 비롯한 무수히 많은 3차원 운동을 해야만 했다. 날카롭게 깎은 연필심으로 어깨 힘을 빼고 연하게 그린 궤적들이 종이에 남는다. 궤적이 겹쳐져 점이 되고, 그 위로 다시 한번 힘을 주어 굵게 선을 그리면, 그제서야 도형은 완성되었다.

단순히 숫자를 입력하는 것으로 쉽게 결과를 얻을 수 있는 현대 도구를 쓰게 되면서 이제 과거처럼 도구의 움직임을 신경 쓸 필요는 없게 되었다. 수학자와 프로그래머 들에 의해 이러한 모든 과정이 자동화되어 좌표값을 정밀하게 입력할 수 있게 되었기 때문이다. 즉, 자와 컴퍼스 같은 도구 자체가 만들어 내는 물리적인 제한은 이제 없다. 선의 중간값이나 특정 비율을 위해 이래저래 움직여 볼 사물도 없고, 특정 형태를 그리기 위한 템플릿도 없다. 모든 것은 컴퓨터 안에서 사용자가 수치를 정하기 나름이다. 그래서 역설적으로 아무것도 제대로 담을 수 없는 인습 덩어리인 결과물로 나오곤 한다. 계획은 이전보다 훨씬 더 많이 실패할 위기에 처했고, 기준은 비논리에 침식당하기 일보직전인 상태가 되었다. 아무나 쓸 수 있는 기계만 믿고서 이것저것 만들어 대는 탓에 투시도의 깊이나, 각 획과 질료의 간격, 해상도를 이해하고 전개하는 차분함을 기대하기 어려워졌다. 인쇄기는 잉크를 위에서 아래로 분사하며 처음부터 완벽히 합성된 결과를 옮긴다. 3디 프린터는 아래층부터 복잡한 조형물을 쌓아 올린다. 레이저 커팅, 절삭 공구는 내가 만드는 과정과 상관없는 순서로 작동한다. 출력 이전의 과정은 알아도 그만, 몰라도 그만이 되고 말았다. 다들 '그래서 뭐가?' 하며 확인 버튼만 누른다.

나는 도구 사용자들이 좌표계에서 수치로 만들어진 선과 실제 제작 시 구현되는 선의 차이를 인지하는 것으로 — 벡터와 비트맵 렌더링의 차이 알고 컨트롤해 보는 것으로 — 수치로서 구현되는 (보이지 않는) 궤적들을 발견할 수 있다고 믿는다. 더욱 정밀한 설정으로 그려진 선은 일련의 선택 과정을 통시적으로 가능케 할 수 있을 것이다. 그렇다고 몇 개 레이어에 어떤 요소들을 어떤 블렌드 모드로 바꿔야 하는지나 이를 배열하기 위한 기민한 움직임 등 편집증적, 정신착란적 노력을 요구하지는 않을 것이다. 그보다 화면에 놓여 있는 선은 어떤 설명이나 철학도 필요 없는, 태초부터 부여된 힘에 의해 생성된 풍경을 떠올리게 한다. 바깥 풍경을 생각해 보자. 풀과 돌, 나무, 그 뒤의 산과 하늘. 저마다 (불)규칙적이고 독립적인 움직임은 다중의 시점으로 포섭될 것이다. 아름다운 시점은 발명되는 것이 아니라, 그저 더 커다란 환경 속에서 발견되고 새로운 그릇에 담겨질 아주 작은 일부 패턴에 해당할 뿐이다.

디지털 공간에서 선, 획의 규범은 무엇이며, 또 어떻게 설정해야 하는가. 궤적은 우리가 익히 아는 물리적인 세계와는 동떨어진 것일까. 거리감을 만드는 경계는, 그 경계와 맞닿는 공간은, 과연 잴 수 있을까? 이러한 질문들은 아무 거점 없는 시대에서 떨어져 나가지 않으려 붙잡으려는 헛된 소실점에 불과할지 모른다. 그러나 화면 중앙 단 하나의 점이 만들어 낸 깊이감을 응시하며 재현의 최소 단위값들을 눈앞의 거대한 사물로 인지할 때, 복잡한 현상을 역으로 축소, 압축해서 바라볼 수 있을 때, 비로소 디지털 공간 안의 점, 선, 면을 현실화할 수 있는 무엇으로 묘사해 볼 수 있을 것이다. 획을 앞에 두고서 단위, 형태, 쌓이는 구조, 질료는 제어 항목들을 통해 입을 모아 소리친다. '궤적은 아직 사라지지 않았다. 다만 보이지 않는 곳에 감추어져 있을 뿐이다.' 최종 상태로 가기 위해 임의로 존재하는 화면 안의 벡터, 벡터의 상태를 일시적으로 재현하는 비트맵. 둘 사이 파편화된 지점을 이어 보려는 순간순간, 우리는 수없이 많고 끝도 보이지 않는 선택-문제에 직면하게 될 것이라 말하고 있다.

[도판.1] 브러시 패널의 항목들은 거의 모든 디지털 그림 도구에 탑재되어 있는 일반적인 항목들이다. 그러나 아무리 익숙한 컨트롤 패널이라 해도 수많은 버튼은 늘 비행기 조종석을 떠올리게 한다. 각 항목 정보가 너무 많고 복잡해서 어디서부터 접근해야 할까 고민하다 결국 항목 대부분에 취소선을 그어 놓기로 했다. 취소선이 그어진 항목들이 중요하지 않다는 뜻은 아니다. 다만 물리적 제한이 거의 없는 — 모든 항목을 편집 가능하도록 해 둔 — 디지털 도구가 갖는 불확실성을 잘 알고 있기

1. Brush Tip Shape
2. Shape Dynamics
3. Scattering
4. Texture
5. ~~Dual Brush~~
6. ~~Color Dynamics~~
7. Transfer
8. ~~Brush Pose~~

Noise
~~Wet Edges~~
~~Build-up~~
~~Smoothing~~
~~Protect Texture~~

1
Size
Flip X Flip Y

Angle
Roundness

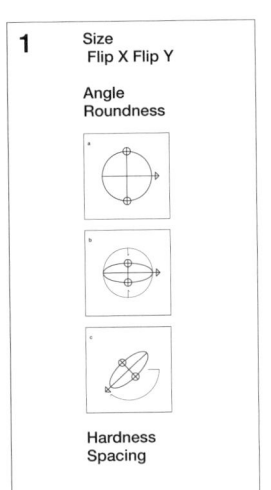

Hardness
Spacing

2
~~Size Jitter~~
Minimum Diameter
~~Tilt Scale~~
Angle Jitter
Roundness Jitter
Minimum Roundness
~~Flip X Jitter Flip Y Jitter~~
~~Brush Projection~~

3
Scatter
Count
~~Count Jitter~~

4
Scale
Brightness
Contrast
Texture Each Tip
Mode: ~~multiple, subtract, darken, overlay, color dodge, color burn, linear burn~~ ~~hard mix, linear height,~~
Depth height.
Minimum Depth
~~Depth Jitter~~

7
~~Opacity Jitter~~
Flow Jitter
~~Wetness Jitter~~
~~Mix Jitter~~

때문에, 어느 정도 거리를 두기로 한 것이다. 이 '거리 두기'는 앞으로 반복해서 이야기하게 될 것이다. 그것은 현실세계에서의 물리법칙과 같은 필연적인 제한처럼, 제한 없는 디지털 공간에서 나 자신이 정해 둔 가장 단순한 규칙이다. 잘 모르는 것 모두를 걱정할 필요는 없으므로 거리를 둔다는 것이다. 디지털 도구, 광학 이미지 편집도구의 속성들은 부분과 전체가 항상 맞물려 있어서, 설명하지 않은 한 요소가 다른 기능들로 대체되거나 그것을 더 큰 범위 안에 포섭시킬 수 있기 때문이다.

여기에서 논하는 것 외의 요소들은 나중에 알면 된다. 나는 당장 필요 없는 것들과 '거리 두기'의 필요성에 대해 이러한 비유를 들어 강조하고 싶다. '출근을 앞둔 남자들이 옷장 속 멋진 넥타이들을 한 번에 모두 매고 출근할 수는 없다'는 점 말이다. 머리가 하나라면, 한 넥타이만 매는 것이 훨씬 멋스럽지 않을까.

3.1. 브러시를 만들기 위해 제일 먼저 해야 하는 것은 점을 설정하는 것이다. 점을 설정하기에 앞서, 비트맵 프로그램에서 선택 가능한 가장 작은 점을 한번 생각해 보도록 하자. 우리가 모니터 속에서 그릴 수 있는 최소 단위는 하나의 픽셀이다. 픽셀의 모양은 정사각형으로 설정되어 있다.(아날로그 텔레비전의 브라운관이나, 특정 비율로 설정된 화면이 아니라면 말이다.) 정사각형은 상하좌우 네 방향으로 반복해서 무한히 뻗어나갈 수 있는 형태다. 모니터는 바로 이런 픽셀-방들이 복도도 없이 늘어선 평면을 내려다보는 것과 같다. 여백이나 비움 같은 단어로 구획과 그 바깥을 지칭하는 것은 디지털 환경을

묘사하는 데 적합하지 않다. 좌표에 놓여 있는 모든 것들은 빛의 값만 가지고 있다. 그때그때 해당하는 카드섹션을 뒤집는 응원단 같다. 모든 픽셀들은 저당 잡혀 있는 상태라서 모니터에서 어떠한 모양을 그리더라도, 형태는 이미 놓인 픽셀 정사각형들의 점멸 분포와 밀도, 총합으로써만 만들어질 뿐이다.
포토샵에서 최초로 제공되는 원형의 기본 브러시는 개념적으로 완벽한 곡선이어야 하겠지만, 실제로 점을 찍은 뒤 확대해 보면 정사각형 점들의 ─ 서로 다른 명도, 채도, 투명도로 이루어진 ─ 픽셀 집합체임을 확인해 볼 수 있다. [도판.2] 직경 4밀리미터의 브러시가 만든 원, 그리고 그것을 열다섯 배 확대한 일부를 보자. 최초에 거의 드러나지 않던 요철은 확대되며 채석장에서나 볼 수 있을 듯한 울퉁불퉁한 표면으로 변한다. 그 어디에도 매끈함이란 없다. 단단히 고정된 짙은 픽셀 주변을 안개 같은 픽셀들이 둘러싸고 있다. 이것들은 축소되면서 짙은 픽셀의 존재감을 약화시키며 부드럽게 만든다. 브러시의 크기를 조정하고 클릭 버튼을 한번 누르지 말아 보자. 실제 그려지는 픽셀 렌더링과 다르게 거칠게 마무리된 선이 화면에 떠 있는 것을 확인할 수 있다. 이것은 브러시가 어디 있는지 알려 주는 벡터 선이다.(정확히 말하자면, 벡터 처리를 위해 화면에서 보여 주는 일종의 가상의, 날것의 픽셀들로 이뤄진 선이다.)
일러스트레이터나 오토캐드 등은 대표적인 벡터 프로그램이다. 이들 프로그램에서 그려진 선은 일종의 개념으로만 존재하는, 가상의 선이다.(일러스트레이터나, 벡터웍스의 경우, 아웃라인과 같은 기능으로 이 개념의 선을 가시화해 볼 수 있다.

오토캐드는 출력 전까지 항상 가상의 상태를 유지하고 있다.) 가상 선들을 포토샵 등의 프로그램으로 불러와 비트맵으로 구현할 경우 조금씩 어긋나기 시작한다. 벡터는 좌표를 드러내거나, 인쇄기, 시엔시 같은 제작도구의 노즐 부분을 직접 컨트롤하는 것을 주 목적으로 삼고 있기 때문이다. 즉, 비트맵 이미지가 사각형 점들을 합성해 만드는 데 반해 벡터 툴은 수학적으로 컨트롤한 좌표를 정확히 출력하기 위한 도구인 것이다. 그들이 모니터를 통해 보여 주는 것들은 가상, 또는 가상의 재현이다. 그러다 보니 선은 이따금 픽셀과 픽셀 사이에 위치하기도 한다. 벡터 프로그램의 선들을 비트맵 공간으로 이동시키면 마치 구글 번역기를 돌리듯, 어색한 마찰을 일으킨다.

전자공간에서 점-패턴의 확장과 축소, 정확한 위치 설정은 매우 민감하고 중요한 문제다. 특히 디지털 공간이 작업의 결과일 경우(웹, 피디에프, 이북 등) 더더욱 그렇다. 그러니까 웹 공간과 편집디자인에서 쓰이는 래스터 이미지들은 비트맵을 다루는 프로그램 내부에서 종으로 횡으로 확장될 수 있는 정사각형 점들의 집합체로서 표현될 수밖에 없다는 점, 벡터 프로그램은 이런 점의 집합체로 이뤄진 세계에서 번역의 필요성을 요구한다는 점을 잊어선 안 된다.

픽셀은 그 모양과 쌓는 방법이 마치 벽돌에 가까워 보인다. 디지털 세계란 끝없는 벽돌로 이뤄져 있다고 비유하는 이도 있을 법하다. 하지만 비유는 ― 언제나 그렇듯이 ― 크게 성공적이지 않다. 현실에서 쌓은 픽셀이 벽돌 벽과 같다면 한 번 굳어진 벽이 그렇듯 함부로 형태를 바꿀 수 없어야 한다. 그러나

[도판.2]

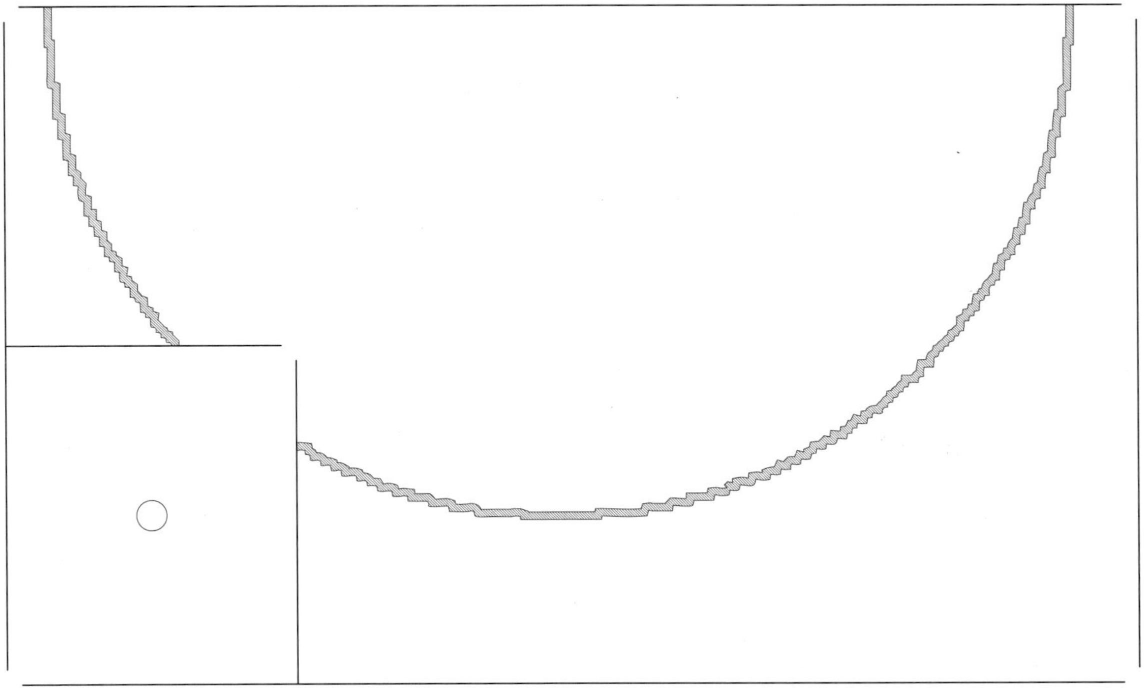

비트맵 — 디지털 벽돌 — 은 패턴을 등록해 두고 난 뒤, 브러시 팁 셰이프 항목에서 좌표의 위상을 쉽게 바꿔 버릴 수 있다. [도판.3] 브러시 팁 셰이프 항목에는 작은 아이콘이 있다. 마치 같은 궤도에 놓인 두 개의 위성처럼 보이는 이 구체들은 조작 가능하다. (a)위성을 마우스로 클릭-드래그하여 궤도의 직경을 바꿀 수 있는데, (b)궤도의 우측 화살표 버튼을 상하로 드래그하면 방향도 조정 가능하다. (c)제 아무리 단단히 만든 벽이라 해도, 수축, 팽창, 회전시켜 버릴 수 있다. 바꾸어 말하자면, 단위면적당 픽셀 개수와 밀도 분포를 바꾼다는 뜻이다. 바로 이것이 디지털 픽셀과 현실 벽돌이 다른 점이며, 벡터와 비트맵이 가상과 가상의 재현의 관계로 결정되는 오묘한 기술이다. 작게는 브러시부터 크게는 이미지 전체를 뒤틀어 버리는 리퀴파이까지 널리 적용되는 기술.

3.1.1. 기본 브러시의 점은 원형이다. 점이 반드시 원형일 필요는 물론 없다. 형태는 본인이 그리는 데 따라 삼각형도, 사각형도 될 수 있고, 점이나 선, 글자가 될 수도 있다. 예의 궤도 툴을 사용하면 기본 원을 타원형으로, 사각형을 평행사변형으로 변형할 수 있다. 심지어 사진의 일부를 캡처하여 브러시를 만들 수도 있다. 이미지 창에서 선택할 수 있는 모든 영역은 선택 후에 '디파인 패턴' 명령어를 쓰면 브러시 목록에 저장된다.

과거 연필, 세필 붓, 펜 등 아날로그 필기구는 흑연, 털, 그리고 금속 등으로 이루어져 있었다. 재료들이 종이와 같은 출력 매체에 닿을 때, 개별 질료의 탄성과 강도, 작용하는 힘과 방향에 따라 특정한 자국을 남기고 이 점들을 이으면 선, 획이 되었다.

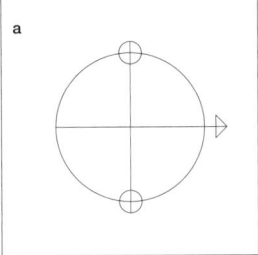
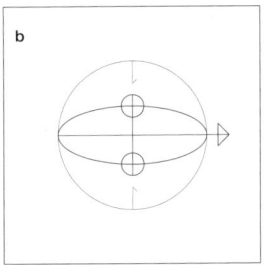
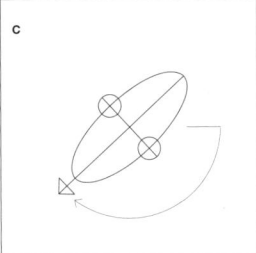

[도판.3]

그러나 디지털 브러시는 도구와 매체가 닿았을 때 생기는 재료 자국의 형태를 굳이 모방할 이유가 없다. 픽셀로 조립 가능한 어떠한 모양도 그저 복제-붙여 넣기의 연속행위로 선과 면으로 만들 수 있기 때문이다. 매체와 물질에 작용해 왔던 자연의 힘을 벗어나서 결과 형태를 과정보다도 먼저 만들 수 있게 된 우리는, 자국 유형과 그 반복행위에 내재된 성질들을 깊이 있게 파고들어야 할 의무가 생겼다.

3.1.1.1. 특정 지오메트리 패턴의 반복이 만드는 형태는 마치 지문과도 같다. 개별 지오메트리는 저마다 다른 피규어를 만든다. 브러시 패턴이 합쳐 이뤄 내는 피규어, 획과 획의 사이, 획과 그 바깥이 만들어 내는 형태다. 앞서 획은 바로 자국의 무수한 겹침이라 했으며 아날로그 도구의 획은 도구에 작용한 힘이 재료와 매체를 마찰시켜 만들어 낸 자국이라 했었다. 이런 식의 표현은 디지털 도구를 다뤄야 하므로 현실을 추상화시키고 재해석해 본 시점에 불과하다. 현실은 그보다도 훨씬 복잡하다. 잉크-액체는 표면장력으로 금속의 펜촉 끝에 매달려 있고, 종이에 닿는 순간 섬유의 삼투압 현상에 끌려 흡수되기 시작할 것이니 말이다. 펜촉을 재빠른 속도로 완벽하게 조절하여 선을 긋지 않는다면, 종이 섬유는 빨아들일 수 있는 최대치로 잉크를 흡수해 버리기 시작할 것이다. **3.1.1.2.** 반면, 디지털 브러시에서 점을 한 번 찍는 행위는 도장 장인에 의해 만들어진 것처럼 단 한 치의 흠결도 없는 완벽한 모양을 복제하며 결과물은 늘 정확하다. 만일 포토샵에서 시프트 키를 누르고 시작점과 끝점을 클릭하면, 컴퓨터는 두 점의 중심점을 잇는 최단거리-

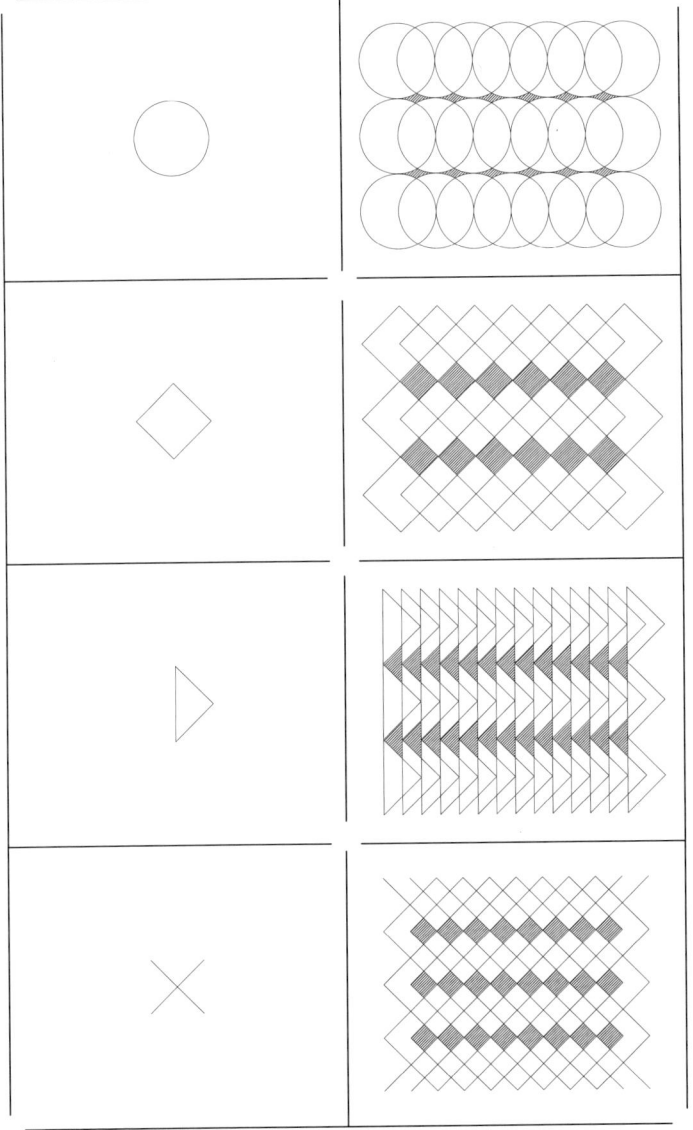

[도판.4]

패턴-획을 그려 낸다. 직선을 긋기 위해 자 같은 도구는 전혀 필요가 없다.

동일한 피규어의 연속이 만드는 몇 가지 추상적인 모델들을 소개하려 한다. [도판.4] 네 개의 지오메트리 사례는 각각이 만드는 피규어 패턴이 그 안과 밖에서 어떤 유형들을 가져 볼 수 있는지 알려 준다. 기본형인 원의 경우, 본래 꼴을 짐작하기 어려운 랜덤한 형태를 만들고, 45도 회전한 사각형은 제 자신과 꼭 닮은 마름모꼴 축소 모양을 그린다. 꼭짓점이 우측에 있는 이등변 삼각형처럼 방향성을 180도 바꾸는 경우도 있고, 90도 교차하는 x자 형태가 보여 주듯, 열려 있는 바깥과 완전히 단절시키는 면을 동시에 만들기도 한다.

어떤 패턴을 등록하느냐에 따라 획의 내-외부 피규어가 동시에 영향을 주고받는다는 점을 염두에 둘 때, 점-피규어-패턴의 선택 단계란 흡사 운명을 드러내는 점성술과 같다. **3.1.2.** 물론, 점괘를 얻기 위해 신 내림 받은 주술사가 강령술을 쓴다든지 하는 것은 아니다. 비트맵 패턴이 어떤 획과 면이 될지 그 운명을 들여다보는 행위는 패턴과 패턴 사이를 조정하는 스페이싱의 파라미터에 수치를 넣어 조작하는 정도이므로 안심해도 좋다. 미래를 보고 다시 과거로 돌아가 선택해 보는 것이다. 아무런 수치를 넣기 전 스페이싱 파라미터의 기본값은 25로 설정되어 있다. [도판.5] 수치를 줄이면 원의 경우 떨어져 있는 점선에서, 아치 모양의 연결 고리가 되고, 테이블 레이스 같은 패턴도 된다. 수치가 1에 수렴함에 따라 완전한 선을 이룬다. 만일 브러시 점으로 나무를 등록했다면, 선은 일렬로 늘어

[도판.5]

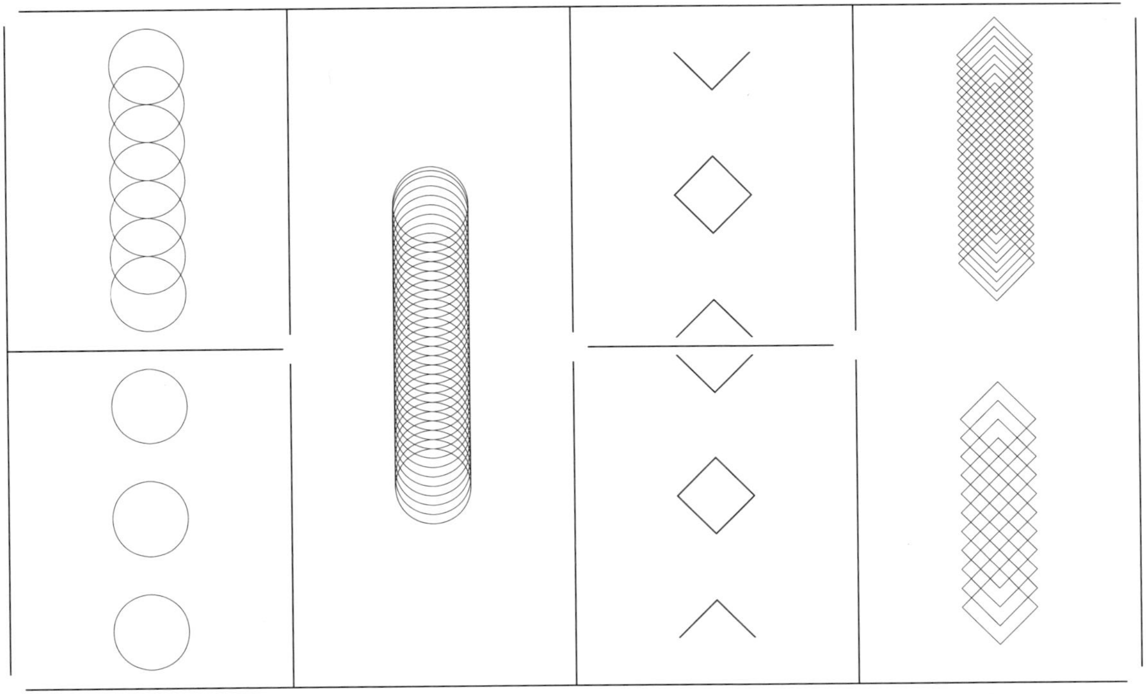

선 숲이 될 것이고, 보석을 등록하면 중년 여인의 방 구석 장식장에 놓일 목걸이로도 그려진다. 타원으로 이뤄진 쇠사슬이 되기도 하고 끝이 뾰족한 씨앗 모양을 이으면 밥알이 뭉친 모양도 될 것이다. 파라미터 값을 1퍼센트로 놓는 경우, 점의 개성은 사라지고 끝과 끝 점의 형태만이 남는다. 그 중간은 부드러운 선-면을 만든다. 엑스 모양 같은 선형의 경우 열린 형태의 사이사이는 닫히고 건물을 짓기 위해 건설하는 비계, 와이어프레임을 만들 것이다.

스페이싱은 겹친 점들 내부의 밀도 분포를 조절하는 것이다. 이는 타블렛-펜 도구를 사용할 경우, 플라스틱 촉과 면이 닿을 때 감촉과는 전혀 맥락이 다른, 시각적 촉감을 결정하는 수치임을 눈치챌 수 있다. 입력 도구에서는 뱀이 미끄러지듯 움직여도, 화면상에서는 거친 입자와 끈적한 질감을 렌더링한다. 손의 움직임과는 전혀 관련이 없고 수치 변화로 인해서만 나타나는 맥락 없는 시각적 촉감이다. 50, 25, 1과 같은 스페이싱 수치는 그저 숫자다. 그러나 수치 변화로 나타나는 것은 각도와 힘, 속도, 질료 등 아날로그 도구의 특성, 궤적 들이 모두 합쳐져 반영된 결과다. 거친 입자에 닿는 흑연이나 석회질, 잉크를 머금은 금속의 펜촉 등 아날로그 도구들은 각도와 질료, 경도에 따라 손에 전달하는 촉감이 다르며 힘의 반작용에 의해 밀어내는 힘도 전달한다. 물질의 마찰계수, 작용하는 힘, 각도, 압력 지점의 범위에 따라 개별 질료와 매체는 특징적 텍스처를 드러낸다.

학창시절 방과 후 청소 당번이 되었을 때면 아무도 없는 교실에서 칠판에 분필로 낙서해 본 기억이 다들 한 번쯤은 있을 것이다. 손목을 꺾어 분필을 세워 칠판에 그으면 우스꽝스러운 소리를 내며 점선이 그려지던 것, 또 분필을 잘 눕혀 그으면 부드럽게 매끄러운 선이 그려지던 것도 기억할 것이다. 만일 개미만큼 작아져서 연필과 샤프, 목탄을 바라보면 분필과 같은 효과가 거대화된 연필 촉, 샤프심 촉과 목탄 덩어리의 일부에서도 나타나는 것을 확인할 수 있을 것이다. 거친 소리를 내며 종이의 결을 드러내거나, 무른 흑연이 종이의 홈을 모두 덮고 지나가는 것 말이다. 아날로그 도구를 쓸 때 미시적 레벨에서 일어나는 일은 브러시 패널에서도 스페이싱의 숫자로 번역된다. 비록 소리와 감촉은 재현할 수 없지만, 관측 가능한 시각 데이터의 경우 가급적 정확한 정보를 전달해 주려 숫자로 번역하고 있다. 마치 무성영화로 보는 스펙터클한 재난영화 같다고나 할까.

이런 관점에서 아날로그 도구 장인이란, 물질들을 간섭시킬 때 발생하는 효과를 통제하는 신묘한 육체를 손에 넣은 사람이라 할 수 있겠다. 동일한 재료를 가지고도 단지 각도와 힘을 변화하면 완전히 다른 느낌의 선이 구축된다든가, 서로 다른 재료를 한 공간에 겹쳐 사용해도 모두 하나의 동일한 평면으로 포섭시킬 수 있다는 것을 그는 경험을 통해 잘 안다. 르네상스 거장들이 '천지창조'나 '최후의 심판'과도 같은, 인간 미래라는 주제를 빌려 도구가, 그리고 그 장인들이 만드는 미래를 신성한 공간에 기록하는 행위는 어찌 보면 반드시 해야만 하는 일이었을 것이다. 수십 년간 같은 재료를 연구한 달인들을 오케스트라의 단원 삼아 볼 기회란 흔한 기회가 아니었을 테니 말이다. 하지만 일단 소리도 감촉도 중력도 없는 디지털 공간으로 온 이상 우린 수치를 대입하는 것으로 만족할 수밖에 없게 되었다. 조용한 방 안에서 사각거리는 연필 소리가 들리는 낭만적 분위기는 이제 없다. 그러나 일꾼(스페이싱 숫자)이 맘에 들지 않는 결과를 내면 항상 그를 거침없이 해고하고 다른 숫자를 취할 수 있게 된 것은 참으로 다행이다. 밥을 안 주고 잠을 안 재워도, 제 주인에게 불만을 표시할 일은 없을 테니까. 인간의 손은 단지 점과 점의 좌표를 결정짓는 기계로 제 역할을 바꾸었다.

3.1.3. 디지털 패턴의 반복은 너무나 완벽해서 불완전해 보인다. 아날로그 도구를 쓸 때 생기는 필연적인 문제들이 갑자기 사라진 상태이기 때문일 것이다. 이를테면 점이 맞닿을 때 생기는 접촉면의 모양같은 것이 그렇다. 필기도구를 사용할때는 손가락과 손목 팔꿈치의 미묘한 변화, 선의 방향에도 항상 영향받아 변해 버리고 말지만, 디지털에서는 늘 인과관계를 별도 설정해 주어야 한다. 스타일러스를 사용한다 하더라도 아날로그 도구처럼 실시간으로 조정하고 싶은 경우, 프로젝션 기능이나 필압, 틸트 기능 같은 것들을 따로 활성화시키지 않으면 안 된다. 그러나 특정 기능을 활성화하는 것, 특히 프로젝션 기능처럼 현상을 재연하는 것에 대해서는 아직 유보한다. 시작점 형태를 사용자가 쥐는 자세에 맞춘 시뮬레이션은 아날로그 도구와의 완벽한 동기화를 꿈꾸고 있었던 이에게는 희소식일지 모르겠지만 그 결과는 불만족스러울 것이다. 고등의 드로잉 기

술을 가진 장인처럼 정확하고 통제된, 동시에 아름다운 선을 만들어 내는 데 프로젝션 기능을 켠다는 것은 그 반대로 향하는 길이다. 오히려 기능을 활성화하지 않은 상태에서도 우리는 이미 통제 가능한 선을 손에 넣었다는 점을 생각하면 쓸데없어 보일 정도다.

만일 특정 각도로 기울인 접촉면을 원한다면, 그런 형태의 접촉면을 평면 투사된 상태로 그린 뒤 간단히 패턴 등록만 하면 된다. **3.1.3.1.** 혹은, 직교 좌표로 그려진 원형을 타원형으로 바꾸듯(예를 들면 [도판.3]) 제 나름의 상상력을 발휘해 접촉면의 패턴을 왜곡해서 구성해 보면 될 일이다. 점의 꼴을 설정하고 그다음 패턴 간격을 설정한다. 그 사이 질료가 만나며 발생 가능한 여러 가지 상황들을 수치로 기억해 보는 것 외에 무엇이 더 필요할까? 스타일러스 펜은 지극히 개인화된 도구이며, 이로 인해 벌어지는 모든 상황은 각자가 책임지면 되는 일이다. 고로 패턴을 실시간으로 왜곡하는 일에 대해서는 거리를 두려 한다. 최종 선과 면의 결과를 충분히 인지하였다면 굳이 물리 법칙을 흉내 낼 이유는 없다. 또한 왜곡이 미치는 효과 범위가 너무 크고 또 개별 스트로크의 합으로 형성되는 패턴 연속체(예를 들면 [도판.4])를 얻기가 상당히 어려워지기도 한다. 물론 이 기술이 미시적인 레벨에서 시각적 촉감을 구현하는 씨앗과도 같은 기능임에는 의심할 여지가 없다. 컴퓨터의 성능과 메모리가 보장된다면 이런 문제는 차차 줄어들 것이다. 하지만 지금은 이 변수를 제멋대로 놓아 두기보다 훨씬 섬세하게 다룰 책임이 있다.

3.2. 점-선으로 이어지는 패턴 왜곡은 브러시 탭 다른 항목들에서 제어할 수 있다. 왜곡은 단순히 형태에만 국한된 것이 아니다. 순차적인 크기, 밀도, 분포 변화를 왜곡하는 것도 이에 해당한다. 스캐터링은 디지털 파라미터를 임의로 바꾸며 왜곡하는 것의 위험성, 그리고 가능성을 동시에 보여 주는 좋은 예인데, 수평 간격을 조정하는 스페이싱이 종방향으로(정확히 세로와 대각선이 섞여 있다.) 펼쳐진다. 이 효과는 그 수치가 늘어나면 늘어날수록 점이 분산되어 위아래와 대각선 양측으로 퍼져 나간다.

25픽셀 정도 브러시 크기에서 관찰하자면, 획이 두꺼워지며 위아래 둥근 면이 가미되다 겨우 몇 개의 공이 뻗어 나가는 것처럼 보일 뿐이겠지만, [도판.6] 1픽셀에서 3픽셀의 미시적인 스케일에서 점의 팽창과 왜곡이 관측자에게 전해 주는 느낌은 말로 표현하기 어려울 정도다. 흐트러지는 작은 입자, 입자와 입자와의 거리는 밀리미터 이내의 거리. 횡방향의 반복과 맞물려 생성된 알고리즘으로 만들어진 가상의 드라이미디어-텍스처다.(아직까지 우리는 스캔된 텍스처와 같은, 고밀도의 자연스러운 텍스처는 사용하지도 않았다.) 획을 여러 번 그어 반복시키는 패턴-피규어에서의 규칙과 마찬가지로, 브러시 내부에서도 점과 점 사이, 밀도의 차이로 거친 표면을 구현한다.

후에 텍스처에 대해 다시 기술하겠지만, 그려진 획에 종이 텍스처를 넣어 표현하는 것과, 개별 브러시에 텍스처를 얹는 것, 그리고 브러시 점의 밀도와 분포 상태로 텍스처를 의사-표현하는 것들 사이엔 차이가 있다. 스캐터링 방식은 앞의 두 가지

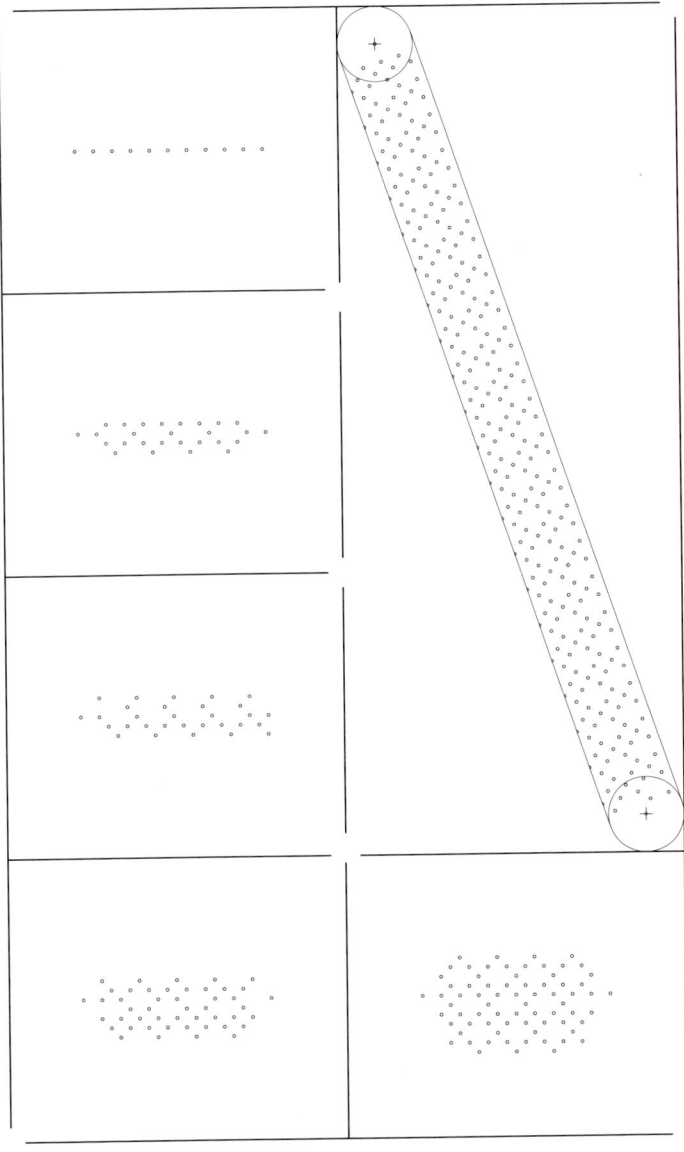

[도판 6]

에 비해 생성 과정에 훨씬 더 무게를 두고 있다. 완성된 텍스처가 아래에서 서서히 드러나는 게 아니라, 자신의 의지, 현재 도구를 사용해 그리고 있다는 감각을 살리는 것에 가깝다. 이것은 아날로그 도구 흉내라는 목적을 달성하기 위함이 아니다. 오히려 현상학적 투명성을 구현하기 위한 효율적인 움직임에서 나온, 부산물에 불과하다.

3.2.1. 스캐터링이 패턴 안에서 분포 범위를 조정해 밀도를 제어하는 파라미터라면, 셰이프 다이내믹스는 획이 만들어 내는 텍스처가 들어갈 외피-꼴을 만든다. 스타일러스를 사용할 때를 대비한 필압 체크 기능이 바로 하부 메뉴에 있다. 하부 메뉴의 필압 유무는 펜 틸트, 페이드, 펜 프레셔, 스타일러스 휠 등에 따라 다양하게 변용가능하다.

스타일러스 펜의 필압 선택이라는 문제가 또 나왔다. 이번엔 거리를 두지 않고 적극적으로 대응해 본다. 기계로 만드는 선에 인간의 움직임을 담아내는 일이 남았다고 보아도 좋다. 타블렛 도구가 있다면 필압 설정—스타일러스 도구에서 압력 포인트를 그대로 전달해 주는 펜 프레셔를 설정한다.—은 인간이 내는 힘의 단계를 256에서 512, 또는 1024단계까지 나누어 줄 것이다. 이미 상당히 많은 제한이 걸려 있다고 할 수 있겠다. 디지털 브러시에서 필압 수치란 좌표 사이에 렌더링되는 점들의 크기, 밀도 분포값에 적용될 불규칙한 데이터를 인간 육체를 통해 얻어 보려는 조금 이상한 기술이다. [도판.7] 브러시 점의 크기와 방향, 흩어지는 정도를 왜곡해서, 픽셀 집합체에 비균질한 홈이라고 인식될 만한 경계를 만들어 보는 것이다.

41 [도판.7]

그러나 **3.2.1.1.** 디지털 도구를 다루는 많은 이들은 스타일러스 도구로 긋는 획이 일단 많은 압력 단계를 갖게 되기를 원한다. 변동하는 수치 데이터를 확보한다는 측면에서 — 현실은 디지털보다 훨씬 더 많은 데이터로 이뤄져 있으므로 — 일견 맞는 이야기이지만, 꼭 그렇지만도 않다. 도구의 최저-최대 폭의 제한 설정이 바로 획의 성격을 결정짓기 때문이다.

아날로그 도구를 상상해 보자. 샤프펜슬의 경우, 내가 필요 이상의 힘을 주면 심이 부러진다. 털로 만든 붓의 경우라면 그 붓모는 곧 망가져 버릴 것이다. 목탄은 뭉개져서 손과 종이를 모두 더럽히고 만다. 한편, 제도의 장인이 그린 도면의 선은, 정확한 힘으로 기계와도 같이 뽑아진 선이다. 그가 6에이치 정도의 흑연을 깎아 회전시키며 긋는 얇은 선은 모니터에서 1, 또는 2픽셀 정도를 왔다 갔다 하는, 실제로는 그보다 얇게 보여야 하는 선이다. 그러나 이 도면을 고해상도 디지털 스캔해서 1에서 3000퍼센트 정도 확대해서 보면 어떨까? 완벽한 선이라고 하는 것도 수십에서 수백 단계 이상의 타블렛으로도 재현이 어려운 불규칙한 해안선을 그리고 말 것이다. 아날로그 도구 각각의 특징에 통달한 장인이라 할지라도 눈으로 식별 불가능한 배율에서는 어지러울 정도로 미묘하고 다양한 단계를 가지고 있다는 것이다.

[도판.8] 이는 마치 1 대 1 크기의 모델과도 같은, 불안정한 현실이다. 모델이 드러내는 실제감은 스케일에만 집중되어 있다. 멀리서 마주한 이들에게 이는 적지 않은 현실감을 준다. 그러나 가까이 다가갈수록, 완벽히 통제된 상태에서도 발생하는 크

고 작은 데이터의 불합치가 드러나고 만다. 고/저 배율, 특정 시점에서는 조금씩 엇나가는 것이다. 랜덤하게 생겨난 패턴 흠결 사이사이엔, 관측자의 시점을 적나라하게 드러내고 그들 욕망을 하나하나 기록하게 될, 저장장치가 보인다.
그것은 욕망을, 손으로 만지고 싶은 무엇을, 페티시를 기록하는 용도로서의 '홈'이다. 스타일러스 압력 수치를 끈다면, 브러시는 변화 없는 패턴을 연결 짓는 일만 기계처럼 할 텐데, 여기엔 어떠한 흠결도 없다. 반대로 압력 수치를 켜는 그 순간에는 물리도구가 가진 한계치를 넘어 제멋대로 커지거나 작아지거나 하는 연속적 혼돈이 시작될 것이다. 이런 혼돈은 점과 점, 패턴과 패턴, 획과 획을 흠결로 인식할 여지를 전혀 주지 않을 것이다. 무차별한 혼돈을 벗어나 텍스처를 생성시키고 욕망을 기록하는 장치로 바꾸고자 한다면, 속는 셈 치고 자유보다는 제한을 우선 믿고 따라 보는 것이 좋을 것이다.
간단히 팁 셰이프의 확대, 축소 범위를 제한하는 것에서부터 시작해 보자. 힘을 주어 긋더라도 크기 25픽셀에서 상하로 5픽셀 이상 차이가 나지 않게 설정해 보는 것이다. 전체 브러시 크기의 범위 안에서만 펜 압력이 적용될 것이므로 실제론 1에서 5단계로 특정 범위 안에서만 미시적으로 디지털이 가지기 어려운 흠결이 생긴다. 즉, 임의의 패턴이 발생하며 아날로그 도구를 다룰 줄 모르는 이들이 힘껏 힘을 주더라도, 패턴의 임의성은 아름답게만 증폭한다. 넘치는 자유를 규칙에 묶어 두는 것으로, 미시적 레벨에서는 사용자의 의도와 상관없는, 획 그 자체가 지닌 자율-규칙성을 좀 더 강화해 볼 수 있는 것이며

44

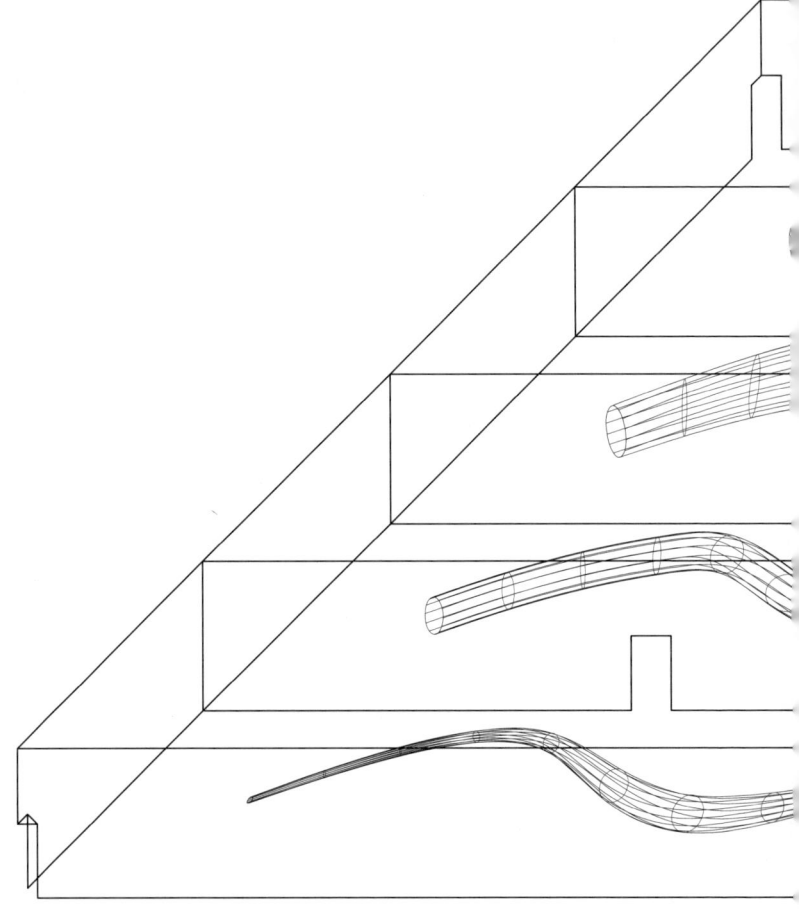

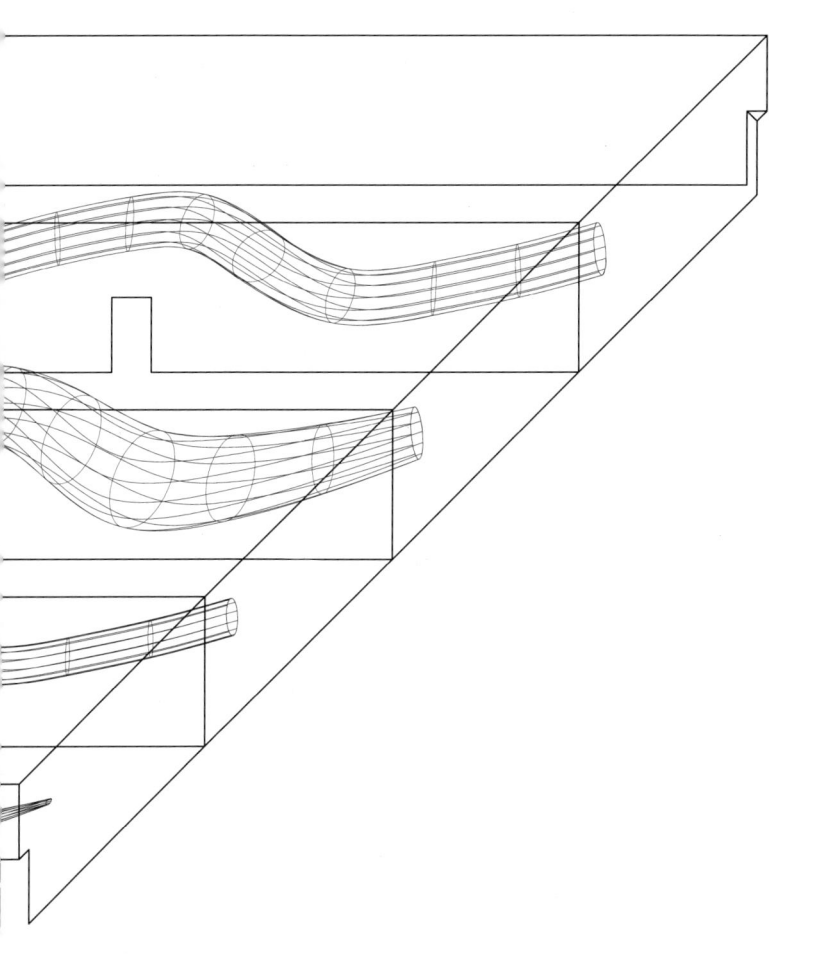

[도판·8]

이는 아날로그 도구의 장인이 수십 년의 훈육을 거쳐 이룩해 낸 결과나 진배없다.

과연 이렇게까지 해야 하느냐 반문하는 것도 무리가 아니다. '디지털 브러시 기능이란 애초부터 1에서 1024단계까지의 두께를 자유로이 한 번에 내기 위해 설계된 것이 아니냐'라는 말도 틀리지 않다. 그러나 브러시 크기를 늘 간단한 단축키([,])로 제어할 수 있다는 것이 또 어떤 의미일지 생각해 보자. 단축키로 바뀌는 붓의 종류와 그 속도란, 어떤 의미에서는 시공간을 자유로이 넘나드는 것이나 마찬가지이다. 즉, 개별 브러시 획의 폭-크기 변경을 한 획 안에서 모두 해 버리는 것이 아니라, 각각의 필요에 맞추어 폭을 제한해 두는 편이 적절할 것이다. 일련의 사례로 든 현실 도구의 재현, 혹은 아날로그 도구 장인의 선을 흉내 내는 것은 일종의 맥거핀이라는 것을 눈치챌 사람도 있을 것이다. 이야기를 전개하는 데 평소 익숙한 일상과 대비되는 부분을 비교해 보여 줄 때의 효과는 크다. 정량화된 수치값과 범위 제한이 산업에서 중요한 약속이 될 수 있다는 것을 깨닫게 하기 위해서라도, 아날로그의 재현은 꽤 좋은 방법이다.

3.2.1.2. 하지만 산업이라는 단어에 갑자기 반감이 들고 마는 이도 있을 것이다. 여기서 나는 공장 노동자와 감독이 살벌하게 대치하며 누군가를 통제하고 압박해 상품을 찍어 내듯 생산하는 그런 공간을 상상하는 것은 아니다. 내가 하는 일을 맡아 누군가가 잇는, 최소한의 신뢰 체계를 가시화하는 디스플레이로서의 산업이다. 사수와 부사수, 사용자와 노동자 사이의 문

제를 드러낼 뿐 아니라 나와 도구라는 사적인 관계에서도 가시성 요구는 반복된다. 약속체계 대부분은 예의 변동폭과 스페이싱처럼, 어떤 문제가 드러나면 곧 수정될 수 있을 것이다. 하지만 브러시 전체의 성격을 규정짓는 패턴 왜곡의 경우 체계를 만들어 볼 수 있을까?

아날로그 필기구를 특정 방향으로 밀어내면 도구가 만드는 점의 형태는 왜곡된다. 왜곡된 형상은 힘의 작용점-획의 방향성을 고스란히 드러낸다. 단면이 원인 경우에 그것은 지축이 살짝 기운 타원으로 나타나는 식으로 말이다. 디지털 획은 현재 면을 고정시켜 놓았으므로 그 어떤 방향으로 획을 그어도 처음 정해 놓은 단면, 즉 특정 방향성만 갖게 될 수밖에 없다.

도구가 내 얘기를 잘 알아들으면서 또 의식적으로 그려서는 나올 수 없는 패턴을 그려 내 볼 수 있을까라는 질문의 답이 프로젝션이나 앵글지터, 틸트 값 등 무질서한 변동폭의 스위치를 켜는 것으로 귀결되어서는 곤란하다. 메모리에도 적지 않은 부하를 줄 테고, 설사 좋은 사양의 컴퓨터에서 진행하더라도 처음부터 브러시 제작에 이런 패턴의 왜곡을 반영하는 것은 추천하고 싶지 않다. 디지털 도구 안에서 효과 탭은 디지털 도구 안에서 효과 탭의 사용은 먼저 형질을 결정한 후에도 늦지 않으니까.

많은 디지털 일러스트레이터, 그래픽 디자이너는 최초 설정된 기본 브러시만 사용하는 것을 선호한다. 완벽한 원-단면은 어떤 방향성도 드러내지 않는 중립적인 성격이고, 약속체계도 없기 때문에. 그만큼 기대치도 낮다. 시킨 일이 없으니 거짓말을 할 이유도 없고. 다만 조금 멍청한 구석이 있을 뿐인데, 그건 관리자가 신경을 써서 정리해 주는 방식으로 극복할 수 있을 것이다. 약간의 단조로움을 벗어나 보자면, 방향성 없는 기본 브러시와, 단면 방향을 특징적으로 바꾸어 둔 브러시들을 섞어 가며 사용할 수 있겠다. 브러시 패널을 켜 두고 각각의 획마다 위성-궤도 아이콘에서 방향성을 바꾸어 저장해 둔다든지 하면서 말이다.

회화가들은 획의 방향을 항상 일정하게 유지하고, 그것을 바꿀 일이 드물게끔 한다. 획이 드러내는 질료-패턴의 일관성을 유지하고, 바뀐 방향성을 강조하기 위함이다. 예를 들어 90도로 세워진 벽면에 그릴 경우, 일관된 스트로크도 중력에 의해 어쩔 수 없이 질서와 대치하고 만다. 일정함을 유지하는 것은 그 자체로서도 큰 도전이다. 디지털에서는 모든 것을 선택할 수 있다. 색의 번짐, 섞임, 획의 끝 모양 등등.(아쉽게도 중력은 아직 적용되지 않는다.)

3.2.1.3. 아날로그 도구의 장인들이 정확한 선을 구현하기 위해 쏟은 노력과 훈육의 결과를 디지털은 너무도 쉽게 이룩할 수 있었지만, 디지털의 문제들은 사실 정반대 쪽에 숨어 있었다. 근육의 떨림이나 균질하지 않은 획의 단면, 중력 등 부정확함을 야기하는 변수의 구현 말이다. 해결은 쉽지 않은데, 첫째로는 임의적 변수를 생성하는 탭을 조성하기 어렵기 때문이다. 예의 스타일러스 등 추가 도구를 이용한 추상적인 필압 데이터를 얻는 것, 또 패턴의 왜곡을 통해 획의 내부 변형을 시도하는 것 정도가 현재로서 우리가 해 볼 수 있는 최선이다. 둘째로 아

날로그의 물리적 효과들이 별도로 존재하지 않으므로 디지털 도구는 다양한 한계 설정하기를 매우 필요로 한다는 것이다. 한편, 스캐터링과, 브러시 획 만들기 등에서 보았듯, 사려 깊게 설정한 추상화 단계를 거치면 현실과 매우 유사한, 복잡한 데이터의 시각적 촉감을 별다른 노력 없이 재현하는 수준에 이를 수도 있음을 알게 되었다.

이런 재현의 노력이 단순히 아날로그의 감성을 모방하려는 패스티시라 생각한다면 큰 오산이다. 운동하고 작용하는 방식 중 변환할 수 있는 수치들의 능동적인 조합으로 건조한 기본 브러시에 개성-캐릭터를 부여하는 전략일 따름이다. 이때 명령체계란 바로 확장을 위한 도구의 최솟값, 점의 크기와 관련된 숫자다. 숫자들은 실행 시 반드시 일정한 결과값을 제시해야 한다. 커뮤니케이션 문제 예방을 위해 필요한 약속의 체계이니 말이다. 한편, 면과 면 사이의 거리, 그리고 임의성을 위한 제한 결과값들은 개별 규칙들이 쌓일수록 무한한 패턴 생산을 약속한다. 최소 점과 그것의 종횡적 반복으로 면이 드러난다는 지극히 평범한 패턴 확장 개념에 맥락 없는 수치들이 가세하면, 흥미를 자아낼 다채로운 구석들을 만드는 것이다.

3.2.2. 지금까지 픽셀 밀도와 복수의 패턴을 생성하는 이야기에 초점을 맞춰 이야기했다면(효과와 색상 등 후에 편집 가능한 것들과는 의도적인 거리 두기를 하였다.) 이제 그것을 담는 레이어에 대해 이야기할 차례이다. 물론 거리 두기는 여기서도 계속된다. 레이어가 지닌 다양한 효과보다도 레이어를 수직 구조로 배열하는 행위에 더욱 초점을 맞출 것이다.(효과, 색상 등

은 마찬가지로 후에 재편집이 얼마든지 가능한 것이기 때문이다.) 레이어 효과는 레이어를 쌓아 올리는 구조 배열이 정해진 상태에서 원하는 효과를 추가 적용하는 것이 훨씬 유리하다. 그림을 그리는 입장에서는 때때로 레이어보다 브러시의 블렌드에 레이어 효과 모드를 적용하는 것이 훨씬 직관적이겠지만 (사이툴, 페인터, 아트레이지 등 일부 그래픽 프로그램에서는 여러 가지 효과를 내는 특수 브러시로서 지정되어 있다. 그것은 사실 특정 레이어 효과가 적용된 브러시들일 뿐이다.) 가장 기본적인 블렌딩 효과가 적용된 각각의 획을 분리시켜 레이어에서 별도 적용하는 것이 추후 유리할 것이다. 디지털 브러시로 구축된 그림의 면면은 개별 획이 아닌, 획과 획의 조합으로 이뤄진 피규어들이므로.

레이어들은 서로 멀찌감치 떨어져 있어도 ― 수백 개 레이어들 중 제일 처음과 마지막 순서에 놓인 것들도 ― 두 콘텐츠 사이의 물리적 거리감은 사실상 0이다. 트레이싱 페이퍼나 셀 애니메이션처럼 미시적인 두께를 가지고 상하부 구조에 놓인 색상을 회절시키지 못한다. 그러니 1980년대, 1990년대 셀 아니메를 시청하는 머리 큰 초등학생처럼 몇 초 후면 부서져 버릴 절벽의 돌을 알아 볼 수 있다든지, 저 로봇의 팔은 곧 부서질 것이라 예언한다든지 하는 일은 결코 없을 것이다. 레이어 사이의 위계는 개념적일 뿐 모니터 평면에 드러나는 결과는 복도도 층도 없이 구획된 방들의 연속이니까. 그러므로 레이어 구조란 최종 이미지 디스플레이인 캔버스와 별도로 편집하는 것이 당연하지 않을까. 획은 독립적이고 언제든 다른 레이어로 이동시켜 버릴 수 있어야 한다는 것을 유념한다면, 한 화지(레이어)에 여러 종류 레이어 효과가 추가된 브러시를 번갈아 가며 그리는 것이 아니라 각각 특성에 맞춘 획, 색상, 경계에 따라 개별 레이어에 별도로 그리는 것을 우선해야 할 일이다.
[도판.9] 브러시 블렌드 모드의 사용을 최대한 배제한 이유는 바로 레이어 창에서 나타나는 수직 적층의 기본구조를 유지하기 위해서다. 블렌드 모드 변경에 대해 지금 이야기한다면 개별 레이어에 놓인 점-획-면 사이의 관계를 이해하는 것을 방해하고 말 것이다. 멀티플라이나, 오버레이, 스크린 모드로 레이어가 설정되면, 레이어 속의 오브젝트는 아래 레이어들을 뚫고 들어가 완전히 합성되어 버리고 마는데, 사실상 구조의 위계로 설명하기 어려운, 단 하나의 몸체-이미지가 되는 것을 의미한다. 색은 이제 완전한 합성이 — 가산혼합으로서 — 시작되었음을 선포하고 픽셀 시민들의 사회는 극도의 혼돈에 빠지고 말 것이 분명해 보인다.
블렌드가 일으킨 혼돈이 훗날 미칠 영향력을 상상해 보았는가. 모니터 속 레이어 효과가 가미된 이미지를 현실에서 재현해 보자. 기본적인 매체부터 종이나 캔버스 혹은 나무판 등이 아니라 뒤쪽에서 발산하는 빛을 투과시키는 유리면이나 투명한 천이 되어야 할 것이다. 사실 이 비유도 적절하지 않다. 유리는 현실에서 완전한 투명이 아닌 주변을 반사하는 특성도 있고, 매체가 가진 두께로 인한 서로 간의 거리가 형상을 왜곡시키기 때문이다. 천은 직조된 선만큼 이미지를 뿌옇게 만들며 그 자체가 지닌 탄성과 부드러운 관람객의 숨결만으로도 끊임없이

움직일 것이다.

레이어를 재현할 때 가장 어울리는 조합은 아마도 편광필터를 사용한 카메라, 혹은 반사가 생기지 않는 각도에서 잘 촬영된 셀 애니메이션 같은 것이라고도 할 수 있겠다. 그러나 셀 애니메이션이 그다음 프레임에 이르러 오브젝트의 색상이 바뀐다든지 하는 것을 볼 때, 디지털 레이어 효과를 현실의 물질로 온전히 재현하는 것은 불가능하다. 오직 빛을 사용한 모니터 디스플레이 내에서만 제대로 확인할 수 있음을 알 수 있다.(도시와 거리가 고해상도 전광판으로 바뀌는 것은 이 시점에서 당연한 일이다.)

수십, 수백 개의 레이어가 합쳐졌을 때 완전히 하나의 평면이 된다는 것은 레이어가 얼마나 현실과 동떨어진 물질성을(비물질성을) 가지고 있는지 말해 준다. 레이어 블렌드 모드가 오버레이나 스크린 등으로 바뀌었다면 레이어에 놓인 획은 오브젝트로서의 기능이 아니라 앞뒤 공간을 넘나드는 안개 ― 혹은 공기 ― 로 변해 뚫고 다니게 될 것임은 자명하다. 현상은 브러시에서 구성할 수 있는 패턴 조절에 대한 이야기 영역을 훨씬 넘어서 버리는 것이므로 더욱 언급하기 껄끄러워진다.

갑작스레 레이어 현실화 문제에 대한 이야기를 꺼낸 것은 디지털 이미지가 근본적으로 현실화 문제에 봉착하기 때문이기도 하고, 레이어 구조를 재현 가능한 물질들로 설정(제한)했을 때 디지털 획 사이의 투명/불투명한 픽셀들이 만드는 현상학적 투명성의 효과에 대해 이해하기 쉬워지기 때문이다. 수직 구조에 얹힌 픽셀들의 자연스러운 상태 ― 그것은 아직 파라미터가

Mode:

Normal
~~Dissolve~~

~~Darken~~
~~Multiply~~
~~Color Burn~~
~~Linear Burn~~
~~Darker Color~~

~~Lighten~~
~~Screen~~
~~Color Dodge~~
~~Linear Dodge~~
~~Lighter Color~~

~~Overlay~~
~~Soft Light~~
~~Hard Light~~
~~Vivid Light~~
~~Linear Light~~
~~Pin Light~~
~~Hard Mix~~

~~Difference~~
~~Exclusion~~
~~Subtract~~
~~Divide~~

~~Hue~~
~~Saturation~~
~~Color~~
~~Luminosity~~

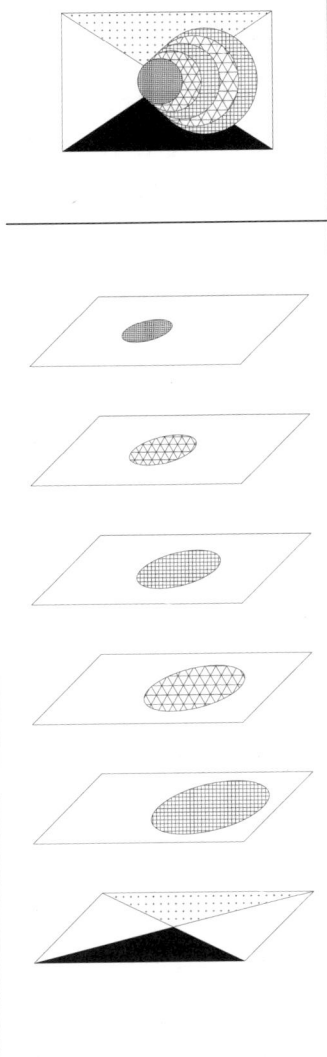

[도판.9]

적용되기 전의 상태이다. — 가 무엇인지 알아보는 것은 중요하며, **3.2.2.1.** 그래서 가장 기본 모드인 노멀레이어의 수직 증축에 대한 이해가 우선시되어야만 하는 것이다.

이를 확실히 하기 위해서, 노멀 모드 외 다른 모드에는 모두 취소선을 그려 놓았다. 극단적으로, 현실 공간에서는 물체들 사이의 관계를 앞과 뒤가 가려진다는 것으로 쉽게 인식할 수 있는데, 노멀레이어로만 이뤄진 수직 구조란 어떤 물체가 다른 물체 앞에 위치하는 것과 마찬가지다. 픽셀-획이 놓인 레이어가 위쪽에 있다면 그것은 앞(관찰자와 가까운 곳)에 있는 것이고, 그 아래 레이어의 픽셀들은 가려지고 만다는 뜻이다. 무슨 설명이 더 필요할까! 하지만 블렌드 모드, 알파값이 적용된 브러시들(후에 기술할 것이다.)과 이펙트가 난무하는 디지털 프로세스로 이미지 제작을 처음 경험하는 이들은 이 단순한 구조조차 생각해 볼 여유가 없었을 것이다.

3.2.2.2. 블렌드 모드를 모두 꺼 놓았다 해도, 레이어 투명도는 오파시티와 플로우 수치로 조정할 수 있다. 노멀 블렌드는 보편적으로 적용 가능한 투명도의 정량을 확인해 볼 수 있는 기준점이다. 0에서 100퍼센트로 바뀌는 동안 실제로 그려 놓은 브러시 투명도가 레이어 아래쪽 이미지들과 어떻게 관계-반응하는지 관찰할 수 있다.100퍼센트의 레이어 오파시티란, 그 안에 100퍼센트 오파시티로 그려진 획이 있을 경우, 획이 완전히 불투명한 픽셀-벽이 될 것임을 약속한다. 노멀레이어와 투명성을 충분히 숙지했다면, 이제 프로세스를 지나며 증가하는 복잡성에 대해 이야기해 보려 한다. 차분하게 제한하고 선

택했던 결과도 어쨌거나 선택의 과정을 지나면 복잡한 상태로 되돌려지고 마는, 공포스러운 현실에 대해 말이다.

바로 브러시의 오파시티와 플로우의 수치 선택이다. 한 획은 일종의 독립적인 레이어로서 작동하는데 획의 내부는 패턴의 알파값(투명도), 그리고 점-패턴의 왜곡과 스페이싱에 의해 이미 여러 겹의 다채로운 픽셀들로 흩뿌려져 있다. 브러시 자체도 레이어와 똑같이 오파시티와 플로우 그리고 레이어 블렌드 모드 항목 모두를 탑재하고 있지만(브러시 레이어 블렌드 모드의 경우 위에서 거리를 두자고 언급했었다.) 레이어도구의 그것과는 큰 차이가 있다. [도판.10] 개념적으로, 오파시티 수치는 한 획을 그을 때 픽셀 전체의 투명도를 담당하지만, 플로우는 획이 그려질 때 개별 점-패턴들의 투명도를 조절한다.

3.2.2.3. 오파시티와 플로우의 차이를 인지하기 위해선 어느 한쪽을 고정시켜 보는 것이 필요하다. 예를 들어 100퍼센트의 오파시티를 적용하고 25퍼센트의 플로우 수치를 적용한다면, 각 지점들의 접점은 50퍼센트의 투명도를 획득할 것이다. 획을 똑같이 한 번 더 위에 긋는다면, 획의 전체는 50퍼센트, 그리고 접점은 100퍼센트의 투명도를 획득한다. 반면에, 플로우 수치를 100으로 고정하고, 오파시티 수치를 25퍼센트로 바꿔 적용해 보자. 정확히 100퍼센트의 오파시티를 얻기 위해서 우리가 할 일은 단지 네 번을 겹치는 일일 뿐 아니겠는가. 수치상으로만 이야기하자면, 오파시티는 획 전체를, 그리고 플로우는 항상 획 내부에 반복적인 홈(만일 패턴이 겹쳐져 더 어두운 부분이 지도 등고선과 같은 깊이가 있다 상상한다면)을 생성한

다.

디지털, 비트맵에서의 수치란, 물론 그렇게 정확한 산술값(보이는 그대로의 수량)을 제공하지는 않는다. 자세히 관찰해 보면 투명도가 100퍼센트, 플로우 수치가 25퍼센트로 적용된 브러시의 실제 투명도는 패턴에 따라 약 12.5에서 14퍼센트 정도의 수치다.(약 일고여덟 번 정도의 겹침을 요한다.) 플로우에 의해 뿌려지는 투명도 낮은 픽셀들이 노멀레이어(브러시와 레이어 블렌드 모두) 상태로 겹쳐질 때에는, 마냥 산술적으로 더해지지 않기 때문이다. 노멀레이어의 산술은 공식적으로 사칙연산이 모두 0이지만, 겹칠수록 획이 진해지는 것이 어쨌거나 우리 눈에서 확인되는 현상인 것이다. 연산값과 눈에 드러나는 현상이 다른 원인과 그 이유야 어쨌건, 우리는 획을 그을 때마다 오파시티를 조정할 것이냐, 혹은 플로우를 조정할 것이냐, 둘 모두를 조정해야 할 것이냐 모두 조정하지 않을 것이냐 하는 문제들에 봉착한다. 획의 방향, 좌표설정, 반복 등, 거듭된 선택 문제는 미래가 항상 예측 불가능하고 복잡해질 수밖에 없는 이유다.

절망과 희망의 미래는 동시에 있다. 레이어 오파시티와 플로우 수치를 조정하는 것으로는 실제 브러시 패턴의 밀도를 조정할 수 없다는 절망, 그러나 획이 놓인 레이어를 별도로 나누어 둔다면 획을 구성하는 비트맵의 밀도를 조정할 수 있다는 희망. 조금 눈치 빠른 사람이라면 브러시의 오파시티를 100으로 두고 플로우만 조정하는 방법으로 미래를 항상 희망적인 상황으로 바꿀 수 있다는 것을 깨달았을 것이다.

[도판.10]

아직도 절망의 늪에서 헤어 나오지 못한 이들을 위해 몇 마디 더 해 본다. 획을 겹친다고 했을 때 무엇을 상상하였는가. 그림 도구의 장인처럼 여러 번 완벽한 터치로 면을 만드는 훈련이나 흐르는 물감에 대항하여 밀도를 높일 수 있어야 한다고 믿는가. 우리가 디지털 환경에서 그린다는 것을 잊지 말자. 우리는 단 하나의 톤만 그린 후, 레이어를 복제해서 쌓는 것으로 겹쳐 그리기를 대체해 버릴 수 있다. 즉, 여러 번 획을 그어 진하게 만들 필요도 없이 단지 오파시티 100에 플로우 수치만 적당히 조정하여 하나의 획을 긋는 것이다. 똑같은 위치에 레이어를 복제하면 간단하게 획의 밀도를 높게 만들 수 있다. 노멀레이어의 산술 수치가 아무리 0이라고 할지라도, 획이 가지고 있는 고유의 특성, 겹침을 통해 오파시티는 온전히 100이 될 때까지 증가시켜 준다는 현상을 믿자. 중력의 원인을 안다고 해서 물감이 하강하는 것을 바꿀 수 없듯이, 디지털은 단지 그런 시스템으로 되어 있기 때문이라는 언급만 해 두려 한다.

밝은 수치로 중간 단계를 만들어만 두면, 강한 콘트라스트를 쉽게 만들 수 있다는 광학편집기의 기본적인 특징을 생각해 볼 때, 나는 가능한 한 첫 획에서 확실한 패턴과 풍부한 중간값을 지닌 텍스처를, 현상학적 투명성을 설계하도록 권할 것이다. 설계는 정교할수록 좋은데, 픽셀 농도는 열화만 가능할 뿐 생성은 불가하기 때문이다. 이런 설명은 신상 디지털 카메라가 계조의 풍부함을 자랑해야 하는 것처럼 들린다. 좋은 디지털 카메라가 가지는 특성은 좋은 디지털 브러시가 갖는 특성들과 대동소이하다.(같은 광학도구라는 점에서도 믿을 만한 비유다.) 디지털 공간의 복제와 겹쳐 쌓기를 통해 얼마든지 노력이 과도한 상태로 진화할 수 있기 때문에, 초안의 아름다움이 유지된 상태가 완성작으로 수 초 만에 변하는 것을 목격할 수 있다.

포토샵을 제외한 디지털 도구들은 브러시 툴의 속성 몇 가지가 미리 조합되어 있다. 어째서 포토샵 브러시에서 한 번에 직관적으로 플로우값만 설정할 수 있는 파라미터를 설정하지 않고, 오파시티와 플로우, 파라미터를 따로따로 구분시켜 놓았는지 이유는 모른다. 확실한 것은 파라미터를 처음 생각하고 디자인한 이들 또한 앞으로 이런 분리가 어떤 식으로 어떻게 적용될지 그 의미가 무엇일지 예측하고 만든 것은 아니라는 점일 것이다. 우리에게는 크게 중요하지 않은 이야기이다. 그저 우리에게 개별적인 파라미터 제어의 권한을 주었고, 이 간극이 예측 불가능한 값들을 손쉽게 넣을 수 있게 해 줬다는 점에 감사하자.

3.2.2.4 거리감을 무시해 버리는 디지털 레이어의 특성상, 이제 아날로그에서는 불가능할 정도로 위계를 나누어도 아무런 문제가 없다. 밑그림 위에 획을, 또 면을 만들 경우에 수십 가지 레이어에 나누어 칠하더라도 결국 맨 위에서 바라보면 단 하나의 면으로 보일 뿐이다. 그래서 획을 놓을 때에는 정해 놓은 방식을 따르는 것이 중요해진다. 이는 개인의 취향을 따르기도 하는데, 이른바 색, 텍스처, 혹은 상징적 요소들 — 옷감이라거나 금속이라거나, 피부라든가 — 에 맞춰 레이어를 분화해 두는 것이다. 기준이 무엇이건 간에, 3디 렌더링에서 개별 오

브젝트 아이디를 임의로 구분하는 것처럼, 미리미리 획을 객체로 구분 지을 생각을 해 두는 것이 포스트 프로덕션을 위해서도 좋을 것이다. 브러시로 구축된 획과 면은 여러 레이어에 나누어 담는 것으로 블렌드 모드, 이펙트, 색채 변환, 투명도 변화 등을 개별 적용시킬 수 있다. 이런 객체화 장점을 십분 활용하는 것이 좋을 것이다. 이때 파편화된 객체가 수직 구조로, 그것이 실제 레이어가 레이어 도구 안에서 놓이는 순서에 꼭 맞게 놓인다면 어떨까? 각 획들 사이의 위계는 직관적으로 확인 가능하고 또 예외 사항을 별도로 적용해 볼 수 있게 되지 않을까? 블렌드 모드가 없는 무균질하고 엄밀한 레이어의 수직 구조는 그래서 지켜야 하는 기본인 것이다. 계층의 단순함을 목표로 하는 것이 아닌, 다양한 효과가 미묘하게 끼어 들어가기 위한 맥락으로서.

3.2.3. 최초 점의 설계가 선의 성질을 결정짓게 될 것은 자명하지만 그것이 면으로까지 확장될 수 있다 말한다면 운명론처럼 들릴까. 브러시 점의 형태를 일종의 3차원 모델과 그 단면으로 설정해 보았던 것을 생각한다면 이해가 갈 것이다. 같은 방식으로, 획의 밀도를 높이는 문제에서 충분히 자유로워진 우리들은 이제 면의 경계를 '그리는' 문제와 조우하게 될 것이다. 그려야 할 주제는 바로 '텍스처의 미래'이다. 우리는 보통 여러 획을 그어 천천히 형태를 그려나가는 방식을 취한다. 구상화에서 이것은 물질의 면에 대응하는데, 스타일러스와 함께 디지털 기술을 사용한다 해도 그것은 시간 축을 과정상 조금 앞당기는 정도에 불과했다. [도판.11] 그보다는 처음부터 생성될 면의 경

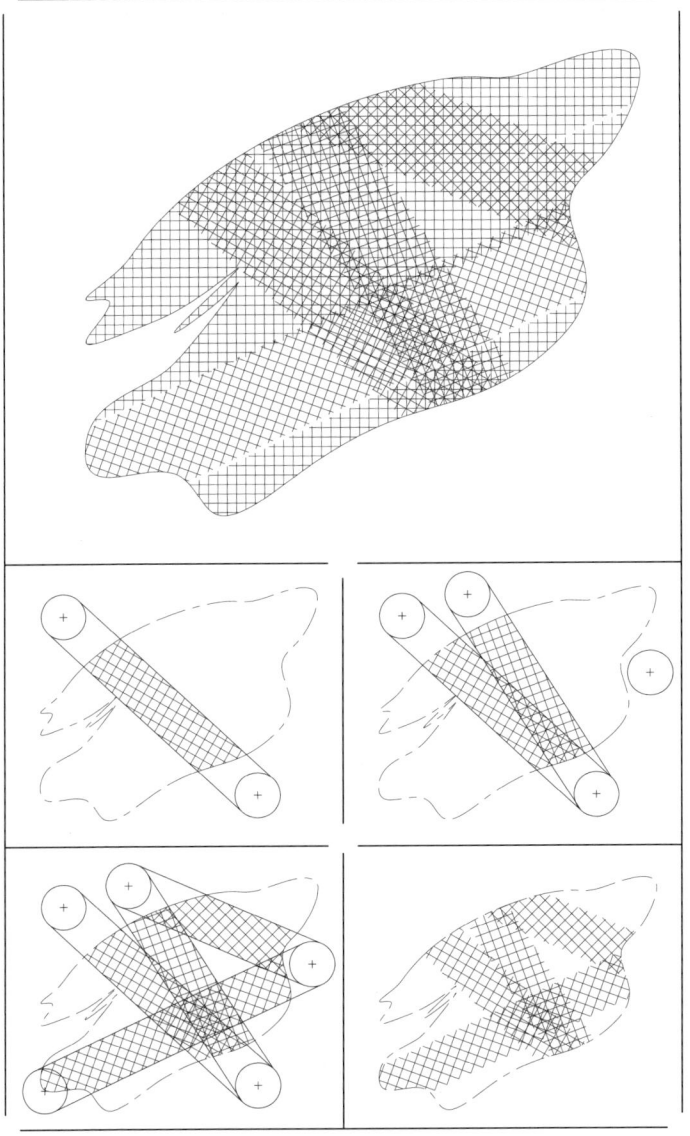

[도판.11]

계를 완성시키고 그 안을 채운다. 이것은 마스킹테이프나 아세테이트 필름, 스크린톤, 스텐실처럼 전체 꼴을 똑같이 만드는 방식이다. **3.2.3.1.** 아날로그의 공장 기계적인 방식으로 나타나는 결과, 그 경계의 모양을 추적하면 획의 방향성으로 드러나는 텍스처는 외부와 내부 맥락이 별도로 존재하는 이상한 미래이다.(시공간의 축이 뒤엉켜 있는 것 같다.) 나는 이것이 훨씬 디지털의 본질 ― 철저하게 계획된 과정 위로 직관에 근거한 운명론이 드리우는 ― 에 충실한 방법이라고 보고 있다. 그것은 필기구로 그려진 글씨와 활자로 찍힌 글자의 중간 지점에 위치한다. 템플릿을 사용한 도면, 기계화된 신체들(주로 여성들이었다.)이 놓인 공장에서 뽑아져 나오던 전쟁 선전 포스터를 연상시키기도 한다.

브러시 최초의 점도 엄밀히 이야기하자면 작은 픽셀의 집합, 면일 따름이다. 면의 경계를 미리 설정하고 설계하는 것은 점에서 획, 획에서 면이라는 순차적인 단계를 좀 더 축약하는 행위이자, 획 패턴 성질들을 선택할 올가미를 생성해야 함을 의미한다. 올가미의 형상은 아마도 '브러시'를 겹쳐서 만들어 내야 할 형상일 것이며, 그 '브러시'란 우리가 지금까지 설계한 그 어떤 성질과도 상관이 없다. 올가미로 만들어진 새로운 브러시 패턴, 면은 안티에일리어싱을 균질하게 조정할 수 있다는 것이다.)

디지털 공간에서 스캔한 그림을 관찰해 보자. 각 선과 면의 경계값에 안과 밖에 분포한 두 점의 명도와 채도. 투명도들이 생각보다 훨씬 큰 차이를 보인다는 것을 알 수 있다. 불투명 수채화나, 과슈, 포스터 컬러, 컬러잉크 등 균질한 색을 생성해야 하는 물질들을 스캔해 보면 더더욱 확연히 드러난다. 이런 종류의 날카로움은 디지털 브러시 자체만으로 그려내기엔 재현이 어렵다. 여러 번 획을 긋는 사이에 경계는 흐릿해지고 만다. 마키툴과 같은 올가미-선택 도구는 실제로 벡터처럼 좌표를 구획하기 때문에, 안쪽에서 긋는 궤적은 페더 수치를 조정하지 않는 한 경계가 흐릿해지지 않고 온전히 또렷하게 남는다. 선택 영역은 또다시 레이어 안에서 마스크화하거나 별도 저장을 할 수 있으니, 작업 과정상 용이하기도 하다. 브러시로 그었을 때 생길 법한 궤적 설정은, 단지 한 톤으로 채우기만 해도 레이어의 복제와 쌓기로 단번에 밀도 높게 면을 채워 버릴 수 있고, 낮은 레벨의 플로우 수치로 시작한 질감들의 미래들 중 어느 한 부분을 선택할 수도 있다.(이를테면 여러 개의 레이어를 띄워 두고, 끄고 켜 보면서 원하는 밀도 즈음에서 멈추는 방식으로 말이다.) 경계 안에서 획의 방향과 연속/비연속의 패턴을 임의로 지정해 볼 수 있다. 브러시는 이제 열심히 긋고 또 그어 완성하는 도구가 아니라, 영역 안에서 패턴을 이용해 주제부와 환경의 성격을 생산해 보는 기계장치일 뿐이다.

3.2.3.2. 시간 단축과 생산의 용이성 외에도 기계장치가 만드는 날카로운 경계들이 갖는 현상학적 투명성의 효과가 있다. 안과 밖의 뚜렷한 경계는 우리가 미시/거시 레벨을 넘나들며 바라보는 행위에 반응한다. [도판.2]에서 살펴볼 수 있듯 외곽선 경계값은 미시적으로 바라볼 때 거친 홈을 가지고 있다. 즉, 선택 툴을 활용한 폐곡선을 채우면 낮은 밀도의 알파값을 가

진 픽셀들이 경계 주변에 덜 분포한다. 훨씬 더 거칠고 튼튼한 픽셀 벽돌의 벽이 세워져 있다는 것이다. 픽셀화된 벽은 거시적인 시점에서 주변 공기를 진동시키고, 위와 아래 레이어에 위치한 면들은 시각적으로 딱 떨어진다.

[도판.12] 경계에 채워진 패턴 안에서도 현상학적 투명성이 드러난다. 경계를 채우기 위해 브러시를 이리저리 움직이면, 의도치 않게 획과 획이 겹치곤 한다. 이때 면은 하나의 단일한 톤이 아니라, (물론 몇 번 더 겹쳐 버리면 100퍼센트로 메꿀 수도 있다.) 약간의 얼룩도 갖게 된다. 이런 얼룩들은 완전히 채워지지 않은 상태로 부유하며 경계가 나누는 거리감 안쪽에서, 마치 고층 건물의 내부 프레임과 외부 프레임이 겹쳐져 현상학적 투명성을 드러내곤 하는 것이다. 그것은 놀이터 정글짐과 같은 조각이나 아직 공사 중인 아파트 건물 천장에서 늘어진 전선이 실제로 긴 벽이나 기둥 같이 보이는 것처럼 환영과 같은 몽롱한 존재감을 드러낸다.

3.3. 엄밀히 이야기하면 이런 효과들은 실제 깊이가 없는 디지털 공간에서는 일종의 가상일 뿐이지만, 단위면적당 픽셀의 밀도 차이 덕에 발생하는 필연적인 산물이란 점이 흥미롭다. 우리가 점을 설정하면, 곧 그것을 키워 볼 수 있다. 점-패턴의 등록은 최초 기본 픽셀 크기에서 설정된 벡터(픽셀의 외곽선을 따서 만들어 낸 임의의 벡터값이다.)와 렌더링된 픽셀 간의 관계를 기억하고 크기를 변환한다. 만일 기본 25픽셀이 50, 100, 200픽셀로 늘어날 경우, 브러시를 구성하는 점 패턴은 확대된다. 그것은 실제로는 열화를 의미하는 것이다. 브러시가 작아

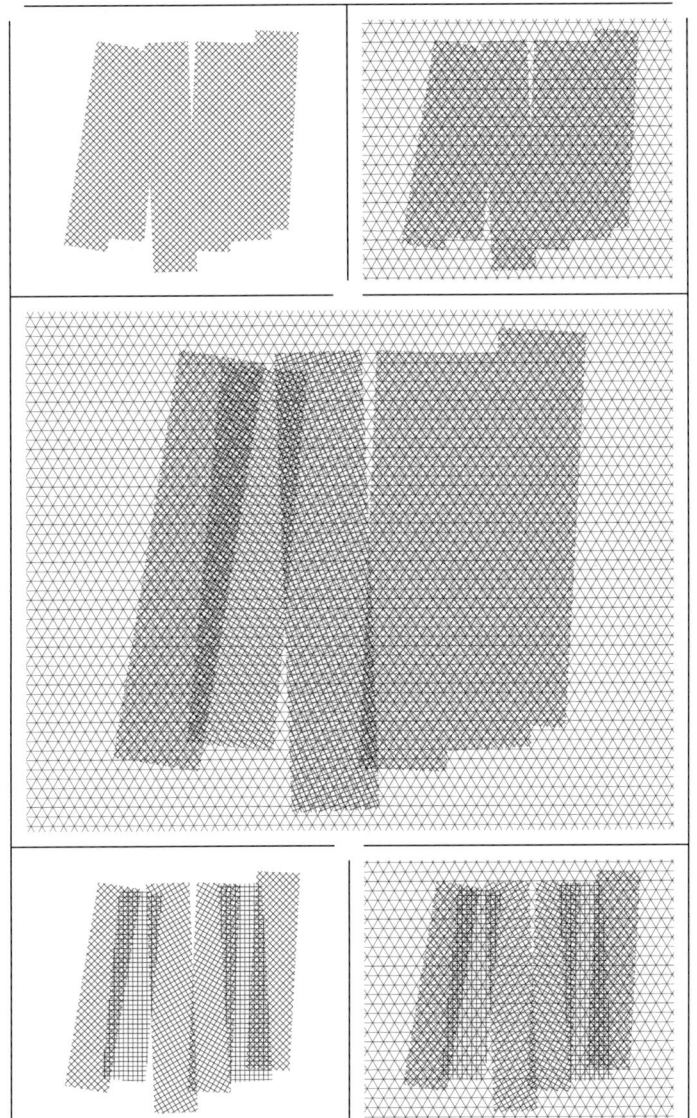

[도판·12]

지는 것은 어떨까. 25픽셀에서 가득 차 있던 점은 이제 어느 정도 흩어져야 한다. 날카로운 점의 외곽선은 약해질 수밖에 없다. 그것은 획과 그 패턴에도 당연히 영향을 미친다. 그러므로 브러시 설계의 본질은 크기, 패턴의 반복성을 미리 예측하고 설정해야 하는 것이다. 첨예하고 능수능란한 필압의 변화로서 면을 만들어 내는 것이 아닌, 1픽셀 경계로 만들어진 면의 형태를 열화되지 않는 작은 브러시로 채워 넣는 것이다. 그런데 경계를 칠할 때 생성되는 패턴 내부는 그 아래쪽에 존재하는 것들을 살짝 보여 준다. 우리의 시각-뇌는 바로 그런 공간의 거리감을 곧바로 인식한다. 이런 차이는 두 레이어의 경계값이 날카로울수록, 아래와 위 이미지의 픽셀, 패턴 밀도의 낙차가 크면 클수록 확고해진다. 한마디로 조리개를 조였다 풀 때 발생하는 초점 맞추기와 진배없다.

3.3.1. 앞과 뒤를 확연히 구분 지어 주는 해상도의 차이는, 노이즈와 같은, 균일하게 퍼져 나가는 패턴의 확대 축소에서 더더욱 극적으로 드러나고 만다. [도판.13] 작은 점이 거대한 방이 되어 가는 동안, 점과 점 사이에 위치한 십자 형태의 노이즈들은 확대할수록 점차 기둥처럼, 존재감 있는 벽처럼 다가온다. 확연히 다른 두 가지 다른 형태의 점-피규어들이 축소될 때는 하나의 면으로 뭉뚱그려진다. 내부 사이 사이의 획과 획, 면과 면은 수직 레이어 구조 안에서 서로 간에 어떤 거리감을 내고 싶은지에 따라 구분 지어야 할 것이다. 배율은 항상 미시/거시적으로 수정/확인되어야만 한다.

3.3.2. 아날로그 그림의 스캔이나, 디지털 촬영된 사진(실제 제

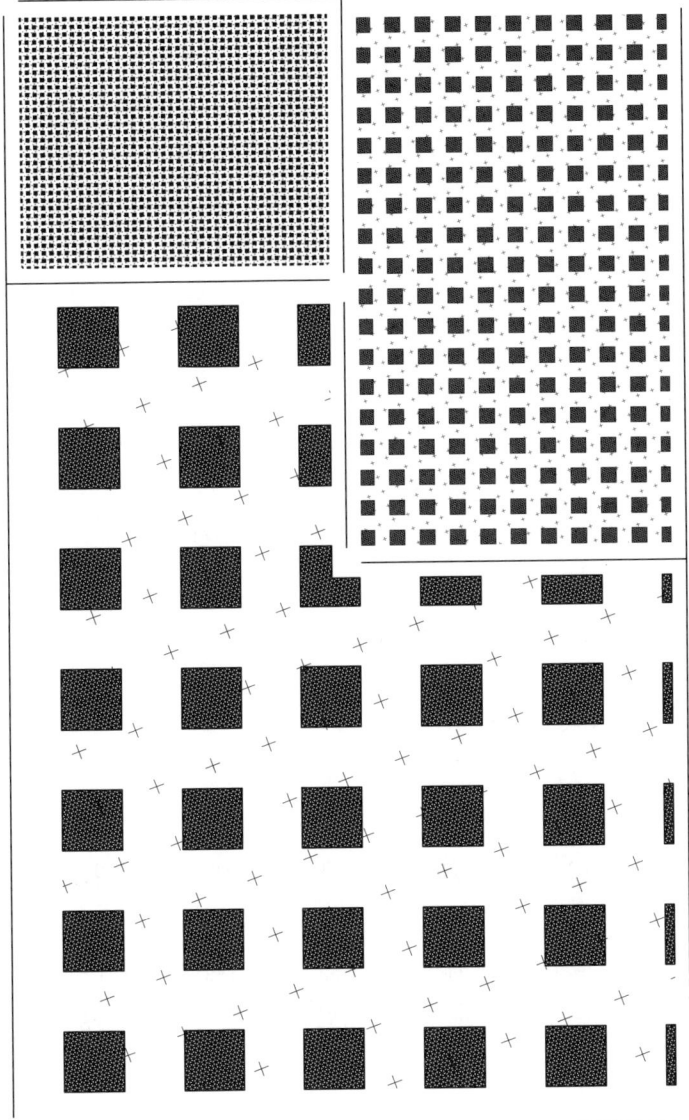

[도판.13]

작물의 디지털 번역으로서 가장 밀도가 높은) 구조와 형식을 모사한다는 것은 픽셀 노이즈를 통해 물질 존재감을 대리-체험하게 해 보는 것이다. 텍스처는 완성된 그림에 일괄 적용하는 것과, 각 획에 적용하는 방법이 있다. 둘의 차이는 브러시 항목의 오파시티와 플로우의 경우처럼 생각해 볼 수 있다. 일괄 적용은 모든 획의 전체를 합쳐 단번에 하나의 텍스처 공간으로 흡수한다. 아날로그 획에 적용된 텍스처는 획이 겹칠 때마다 텍스처에 불규칙적 흠결을 만드는데, 수채화, 유화, 드라이미디어 등의 성질에 따라 차이가 난다. 디지털은 이런 성질에 따르지 않고, 스캐터링처럼 드라이미디어처럼 구성된 획을 수채화와 같은 효과를 주는 텍스처 매핑으로 속아 버릴 수 있다. 그렇게 완성된 그림이 아날로그의 믹스트미디어 효과를 지니 될지는 장담하기 어렵다. 연필에 수채화를 덧칠하는 것과는 달리, 픽셀이 뭉쳐지며 어떻게 변하는지 보고 확인해야 할 문제다. 여러 미디어를 섞을 때의 텍스처도 — 별도의 효과가 없다면 — 수직 구조를 따라야 함은 명백하다.

선묘화는 스캐터링을 활용한 연필 브러시로, 그리고 그 위에 기본 브러시에 오파시티를 일괄 적용하면 마치 수채화같은 효과를 흉내 내 볼 수 있다.(이것만으로도 이미 충분하다.) 전체적으로 스캔된 종이 텍스처를 불러와 맨 위에서 오버레이 하는 것으로,(오버레이는 위계와 상관없이 저 아래쪽 레이어까지 픽셀이 전진하며 명도를 바꾸어 버린다.) 간단히 물 먹은 종이 상태를 재현할 수 있다. 물감은 화면 전체를 감싸며 연필선이나 색이나 가리지 않고 일괄적인 종이 텍스처를 드러내 버린다.

앞에서 획과 경계의 관찰 결과를 시작부터 적용하던 것처럼, 다소 극단적인 방식으로 텍스처를 재현해 보는 것이 디지털에서 가능하다.

하지만 캔버스 질감은 그와 정반대일 것이다. 가장 아래쪽에 캔버스 텍스처가 위치하고 천천히 물감이 위로 쌓여 올라간다. 일부는 캔버스를 드러내고, 일부는 물감에 완전히 가려진다. 또한 캔버스는 물리적으로 팽팽히 당겨져 있는 상태다. 나무 틀에 딱 맞는 천을 스테이플러로 고정시켜 활처럼 휘어 놓았다. 팽팽한 캔버스는 멀리서 평면처럼 보이지만 훨씬 더 가까이서 개미처럼 작아졌을 때 보는 시야각에선 캔버스 천의 인장력이 만드는 긴장감도 놓치지 않고 재현해야 할 것이다. 와프나 트랜스폼 명령어로 잘 스캔된 일정한 텍스처 이미지를 휘어 버린다든지 해서 말이다. 밑바탕 재현은 그림의 결과에 큰 영향을 미치지는 않을 것이라 예상하는 이들이 많을 것이다. 획으로 거의 대부분은 가려질 테니 말이다. 그러나 확대된 상태에서 획을 과감히 긋는 그 환경은 이제 무척 자연스러워지며, 과정의 그 어느 순간에 멈추어도 그림은 계속될 것 같다. 아니, 사실 완전히 캔버스를 채우지 않을 때, 획과 획 사이로 비치는 텍스처가 레이어 사이의 낙차감을 더 적나라하게 드러낸다.

이렇듯 물질이 특정 시점으로 고정된 상태, 일정한 빛의 방향에서 여러 가지 효과와 특성들이 포착된 상태는 그림자 하나 없는 2차원 모니터 공간에서도 상당한 설득력을 지닌다. 사건은 화가가 그림을 이젤에 놓는 것에서부터 이미 시작되고 있었음에 분명하다. 이젤은 비행기를 타고 도시를 내려다보는 듯한 거리감 상실의 풍경을 안락의자에서 여유롭게 바라보는 편안한 환경을 제공하므로. 상상을 자아내는 거리감에선 미미한 질료의 차이들이 오히려 더 큰 구조를 밝혀 내는 데 성공할 것이다.

당신이 미술 전시장이나 불투명한 벽으로 둘러싸인 건물을 통해 모니터를 바라보는 모양새가 이젤 위의 캔버스나 어두운 공간에 놓인 작은 창문과 같다고 느낄 수 있다면 참 다행이다.(그마저도 이제 스마트폰이나 타블렛의 시대, 전시장에 회화를 찍은 영상물이 들어서는 시대엔 느끼기 어려운 감각이기 때문이다.) 모니터는 일종의 거대한 지구를 우주정거장에서 창문으로 관측하는 것이라고도 할 수 있다. 혹은 해변가의 별장 창문을 통해 바라보는 건물과 사람들, 빛이 골고루 쬐이고 사람과 바다, 바다와 건물 간의 거리감이 상쇄된 풍경이라고나 할까. 훨씬 더 거리를 좁혀서 생각해 보자면 하얀 방, 하얀 상판의 테이블에 놓인 흰 종이를 거의 그림자 없는 환경에서 수직으로 사진을 찍을 때의 환경 같다. 이런 감각을 모니터 안에서 재현하려 할 때 고정시켜야 할 환경값이 얼마나 중요한 것인지를 알겠는가. 그 수치 차이란 과연 어느 정도일 것인가. 1에서 100까지의 단계에서 고작 2에서 10퍼센트 정도의 미묘한 차이가 바로 저 우주공간에서 바라보는 지표와 대기, 창문 밖 해변과 사람들 사이의 관계를 재구축하는 것이다. 배경화면을 흰색으로 설정하고 콘텐츠를 미묘한 2에서 6퍼센트의 회색으로 놓는 것으로 (혹은 그와 반대 관계로) 콘텐츠와 배경은 살짝이 떨어지는데, 그것은 벽 앞으로 튀어나온 캔버스, 살짝 무거운 중량의 켄트지에 인쇄된 포스터, 음각으로 파인 방에 붙여진 코팅 용지의 포스터와 같은 미묘한 거리감을 상상케 한다. 수 픽셀 남짓한 미묘한 경계, 혹은 분절은 도심공간의 전깃줄, 혹은 천장에서 흘러내린 털실 같은 이질감이 끼어들 때 생기는 거슬림이다.

3.3.3. 레이어를 비롯해 브러시의 오파시티, 플로우로 이뤄지는 경계 등은 모두 픽셀의 해상도, 밀도와 밀접한 연관이 있다. 가로세로 그리드로 나뉘어 가시화된 2차원 좌표의 세계에서 콘텐츠는 점의 모양, 획의 모양, 면의 경계값 등 미래를 암시하는 꼴들을 적용할 때 비로소 구현할 수 있으며 수치에 따른 변화의 폭도 일정해진다. 이를 분명히 하기 위해 그간 아날로그 도구와, 그림과 사진에서 드러나는 결과값들을 그려 왔다. 광학적 특성을 최대한 제어한 레이어 수직 구조에 놓고 여러 차례 확인했던 것이다. 심지어 디지털 브러시로 굳이 텍스처를 재현하거나 빛에 의한 물리적 양상들을 적극적으로 모방하는 것도 주저하지 않았다.

중력조차 없는 공간에서 특정 질료들의 물리적 현상의 재현 방법을 고민할 필요는 없다. 그저 아날로그 일부에서 드러나는 특징은 제작법의 차이를 설명하는 데 유리했을 뿐, 다른 표현도 언제고 가능하다는 것은 도구를 만든 이들이 훨씬 더 잘 알고 있을 것이다. 꽤나 많은 시행착오를 거쳐 이제 브러시는 그다음을 향하고 있다. 최초의 점, 해상도 문제가 없는 브러시를 이미 구축해 놓았으며, 차후 디지털 브러시가 계속 발전해 나가면서도 유지할 기본적인 파라미터를 가지고서 말이다.

3.3.4. 오픈 소스는 다시 새로운 알고리즘-브러시들의 등장을 가속한다. 이들은 지금까지 이야기한 비트맵 브러시의 기능을 또 한 번 추상화시켜, 내부의 파라미터로 모두 흡수하려 한다. 처음부터 끝까지 주어진 컨트롤러만 조작하는 것으로 패턴 모양, 획의 각도, 진하기, 퍼지는 농도를 모두 하나의 팁 셰이프 탭의 브리스틀 퀄리티 항목 안에서 제어할 수 있게 되었다.

이 '얼굴 없는 브러시'는 했던 이야기를 다시금 반복한다. 비트맵 벡터 도구 안의 또 다른 거울상이다. 어떤 해상도에서도 동일한 자신을 드러내는 마트료시카 인형 같다. 인형은 커다란 인형 (혹은 작은 인형) 내부에 속해 있다. 더 자연스러운 비트맵 브러시를 만들기 위해 경계값을 설정해 두고 그 안에서 자유를 꿈꾸듯이. 그러나 현실세계에서 큰 인형 속 작은 인형의 얼굴이, 그 표정과 옷의 패턴이 열화하는 것과 달리, 얼굴 없는 브러시는 해상도를 높이건 줄이건 언제나 동일한 밀도를, 그 어떤 얼굴로도 성형 가능한 환경을 제공하고 있다. 그것은 고정된 캡처 이미지가 아니라 수치로 결정된 렌더링 효과만을 다루기 때문이다. 비트맵과 벡터, 둘의 관계는 아무런 표정이 없는 브러시로 인해 서로 더 단단히 맞물려 일말의 간극도 용납하지 않으려 한다. 그러므로 알고리즘 브러시는 낡고 닳는 것을 흉내 내어야 한다. 패턴 면 내부의 픽셀 개수와 밀도 분포, 랜덤 값에 의한 차이마저 보면서 조정할 수 있도록. 이제 무한한 네트워크 도서관에 놓인 서적들처럼 브러시는 복제-재생산을 반복해 줄 다음, 그다음 사용자들을 기다리고 있다.

통일감은 어디까지나 브러시 도구 내부에 한정된다. 레이어와 다른 여러 도구를 동시에 사용하는 환경에서 이렇게 작은 도구의 가능성을 논한다는 것은 3디 프린팅이나 미링머신과도 같은, 공법과 아이디어의 일치감이 세상을 완전히 바꿀 것이라 믿는 것만큼 위험해 보인다. 기술은 어떤 규모에서 생산을 가속화시키고 과정을 훨씬 매끄럽게 만들 수 있지만, 기존 산업의 인프라스트럭처 안에서 구축의 핵심적 역할을 담당하게 될지는 아직까지 미지수라는 뻔한 답만 돌아온다. 물론 스케일 없는 공간에서 더 빠른 판단을 내리는 데 얼굴 없는 브러시가 담당할 역할은 무궁무진하다. 브러시는 이제 가시화하기 위한 어떤 도구에서 시작해 그 자체로 완결성을 띠는 입력-디스플레이로 진화했다. 그러나 오히려 불완전한 도구의 어긋남이 만드는 실제 세계와 대비되는 연속적인 플러그인으로서, 잘 짜인 알고리즘이 혼돈의 상황을 더욱 가속시킬 것도 분명하다. 모든 디스플레이의 해상도가 진화하고, 결국 종이가 아닌 디스플레이로 대체되어 1 대 1의 현실이 되는 상황이 발생하더라도, 얼굴도 그 배면도 없는 도구는 또다시 문제를 야기하고 말 것이다. 자기 완결적이고 연속적인 도구가 만드는 미래란 결과적으로 불연속적인, 이색적인 풍경들로 둘러싸일 것임을 암시한다.

3.3.5. 비일상적인, 기이한 풍경 하니, 저 컬럼나 조인팅이라는 지형이 떠오른다. 제주도의 주상절리로도 친숙한 이 지형은 육각형 모양의 암석 기둥들이 틈새 하나 없이 뭉쳐 거대한 지대

를 이룬 것이다. 작은 암석의 결정이 특정한 도형을 띄는 것을 자주 보지만, 이것이 인식할 수 있는 순수한 기하학 형태로 눈앞에 나타나는 경우는 드물다. 많은 사람들은 자연이 매우 거대하거나 아주 작은 영역에서 규칙을 드러낸다는 것을 발견했다. 겨울에 내리는 눈의 결정을 발견할 만큼의 현미경-사물의 거리감이란, 태풍을 바라볼 때 위성 궤도-지구의 거리와도 비례적으로 유사하다. 주상절리는 그런 점에서는 중간의, 인간 시점에서 1 대 1 스케일에서 패턴이 도드라지는 예외적 상황이다.

절리가 발생하는 이유엔 온갖 추측이 난무했다. 18세기 중반까지 주상절리 기둥은 물론 현무암까지 원시시대 바닷속에서 침전으로 만들어진 것으로 생각되었다. 18세기 중반, 분화구에서 흘러나온 용암이 주상절리와 연결된 것이 관찰되었는데, 지구 내부의 마그마가 흘러나와 현무암과 주상절리가 만들어지게 된다는 것을 알게 되는 결정적인 증거로서 지구과학 분야 발전의 큰 계기가 되었다. 사진이 없던 시기였으므로, 화산섬 해안가 근처에서 배를 타고 망원경으로 보며 그리고, 그것을 다시 동판화 등으로 인쇄하였다고 전한다.

절리 지형은 반드시 바닷가에서만 나타나지 않는다. 〈미지와의 조우〉라는 영화의 주요 촬영지가 된 산인 악마의 탑, 데빌스 타워는 260미터의 거대한 기둥으로 평원의 가운데에 솟은 산이다. 최초의 미국 국가기념비로 지정된 자연물이자 대표적인 절리 지형인 이것은 과거 마그마가 주변 온도 차에 의해 식으며 생성된 내부의 암석이 어느 날 융기되고 시간이 지나 주변부가 침식되면서 현재의 톱니 같은 외형을 갖게 되었다. 그 독특한 형태 탓에, 주변 인디언 부족들은 "나쁜 신의 탑"이라고 부르기도 했고, 1875년 어빙 닷지 대령이 그것을 따 이름 붙인 것이다. 탑의 독특한 형상은 갖가지 추측을 낳았고, 대부분은 설화와도 같은 것이었다. 일곱 명의 소녀들이 산에 오르다 거대한 곰에 쫓기던 중 그들이 살려 달라 기도하자 산이 솟아올라 곰이 닿지 못했다는 아메리카 원주민의 설화는 산의 외피가 곰이 할퀸 자국이 아니겠느냐는 추측에서 출발한 것이다.

절리의 발견 사례를 둘러싼 일련의 사건들은 도구와 재현, 제작에 대한 몇 가지 흥미로운 단서를 제공한다. 첫째는 어떤 극단적 차이를 지닌 물질들이 만나 일상을 뛰어넘는 효과를 ─ 인간의 레벨에서 인식 가능하게 ─ 드러내는 현상이 있다는 사실이다. 그리고 사실을 기록하는 매체로서의 드로잉과 인그레이빙과 같은 도구-기술이 그 뒤를 따르고 있다는 점이다. 드로잉과 조각 등 기록을 위한 표현기술은 모두 현실에서 존재하지 않는 "선"으로서 2차원에서 대상을 기록하거나, 실제 대상이 만들어진 과정을 따르지 않는 등의 비맥락적 과정을 동반하기도 한다. 예컨대, 식물 도감 회화는 광학 도구들 ─ 사진이나 현미경 ─ 로 관찰했을 때에만 드러나는 것들을 과장하거나 왜곡시킨 정보를 그린다. 눈으로 관측 불가능한 줄기와 입술에 돋아난 잔털 같은 것을 펜선이 가능한 한 가장 얇은 두께로 그리는 것이다. 그림은 현실과 매우 다르기 때문에 추가 정보를 필요로 한다. 이를테면 잔털과 같이 실제와 도구의 최솟값이 다를 경우에는 주석을 달아 놓는다. '눈에 보이지 않을 만큼 얇은

털이다.'라는 식으로 말이다. 해상도에 한계가 있으니 데이터를 분절시켜 저장해 두는 셈이다.

판화 제작자는 이제 손으로 그려 온 드로잉들을 참고해 실제 현상을 자세히 만들 수 있다. 산과 하늘과 절리가 놓일 크기를 설정하고, 경계와 내부는 인그레이빙 판화도구 지오메트리가 지닌 얼굴과 발굽을 이용해 펜션보다 고해상도의 요철로 패턴을 만든다. 지그재그와 해치 등 도구가 그려 낼 수 있는 가장 얇은 선의 겹침은 무수한 톤, 거기 무언가 있는 듯, 또 없는 듯한 식물의 잎사귀 털들, 그림자, 안개, 구름, 용암의 물결을 그린다. 판화 제작 프로세스는 그 결과물인 드로잉을 그려 내기 위해 금속을 재단하고 조각한다.

한편, 새로운 도구로 재단된 금속판은 일종의 원본을 창조하기 위한 일시적인 저장매체이면서 또다시 새로운 표현의 원본이 되려고 한다. 〈미지와의 조우〉에서 주인공 '로이'는 끈적한 매시트포테이토를 담다가 그 주변부를 포크로 긁으며 머릿속에 남은 산에 대한 이미지 — 그것은 아마도 다각도에서 데빌스 타워를 촬영한 여러 장의 사진 이미지를 늘어놓고 보는 기분이었을 것이다. — 를 끄집어내려 애썼다. 사실 그 산은 뭔가에 긁혀서 조각된 것이 아니다. 하지만 인간은 결과를 보고 그 표현 방법을 상상한다. 로이의 재현 방법은 절리의 물리적 현상이 아니라, 절리를 표현하려 했던 이미지, 그 이미지를 구현하는 판형을 만드는 방법에 훨씬 더 가깝다.

재현과 제작의 과정에서 앞/뒤, 맥락/비맥락을 파악하는 것은 조각보다는 모형을 만들 때 느껴지는 감각과 비슷하다. 그것은 내 손으로 무언가가 만들어진다는 경이감과 현실과의 차이에서 오는 열패감이 공존하는 모순된 상태다. 모니터의 픽셀을 서로 다른 도구와 매체로 전달하고 재현하려 애쓸 때, 비로소 디지털 도구의 이면을 진중히 살펴볼 수 있다. 디지털 도구들은 심지어 현실에 이르기도 훨씬 전부터 이미 치열하게 싸우고 있는데, 그것이 바로 벡터에서 픽셀이라는 좌표와 재현의 최솟값이 지닌 한계 상황의 갈등인 것이다. 아직까지 금속판과 종이 잉크라는 각박한 상황보단 좀 나은 편이겠지만, 벡터와 래스터 이미지 둘 사이의 갈등은 결과가 언제라도 아이디어와 멀어질 준비가 되어 있다는 점을 모니터 밖으로 나서기도 전부터 알려 준다. 이상이 원대하고 클수록 그 실망감도 클 것이라는 사실을 청춘의 시기부터 학습당하고 마는 것이다.

이런 상황에서 이성은 다시 빛을 발한다. 대상과 재현물, 그리고 도구의 간극이 크면 클수록 말이다. 추상화된 수치들은 일련의 연속된 약속 체계로서, 번역과 그 차이라는 불연속적 상황을 흔쾌히 인정하는 대신, 어떤 시점에서고 퀄리티 컨트롤이 가능할 여지를 남겨 놓는다. 아날로그 인그레이빙 도구의 얼굴과 발끝은 수치로 번역되어 디스플레이 내부에 존재하며, 목탄과 연필, 물감을 칠하는 붓과도 수치를 공유한다. 모든 도구에 똑같이 사용되는 언어는 현상을 인식 가능한 모델로 만들 준비를 — 시점에 따른 렌더링을 변환할 준비를 — 해 두고 있다는 점을 또한 시사한다. 손바닥 안 작은 수정 결정체가 그것의 몇십 배 확대한 모양의, 그러나 투명하지 않은 검은 암석의 마천루가 되어 나타나는 것이 이제 일상이 된 것이다.

3.4. 지금까지 선택하고 취합한 선택지들 사이에서 세밀한 수치를 조정해 보았다. 그것들로 마치 판화의 딱딱한 금속판에 출력을 위한 흠결을 한번 내 볼 수 있었다면, 이윽고 멈춰야만 하는 순간이 왔다. 디지털에서 멈춤은 영원한 안식을 의미하지 않는다. 보통은 그와 정반대다. 수정하기 위해 다시 디지털로 되돌아와야 하는 것이 대부분이다. 그러나 (선택지 만드는 것을) 멈추어야만, 다시 돌아올지 아니면 그만둘지 확인할 수 있다. **3.4.1.** 멈추기 위해서는 몇 가지 준비사항이 필요하다. 하나는 신나게 그었던 획, 그것을 담아 놓은 레이어 쌓기를 정리하는 것이다. 정리 방법에는 여러 가지가 있지만, 크게 레이어의 합성, 그룹화, 그리고 스마트 오브젝트화로 나누어 볼 수 있다. 노멀레이어 수직 구조로 증축해 놓은 기념탑은 이제 그룹화를 통해 옆으로 한 칸 밀려 나가며 그리드를 살짝 부순다. 선묘는 선묘대로, 눈, 코, 입으로 각각 구성된 레이어들은 얼굴이라는 더 큰 그룹으로 합쳐진다.

그룹화는 정리에 더 효과적이다. 우선은 무명의 레이어들(굳이 레이어에 이름을 표기하지 않아도 되는 것들)조차 쉽게 정리되어 한눈에 알기 쉽게 한다. 그룹화된 항목에는 별도의 마스크, 이펙트를 적용할 수 있다. 오브젝트 단위로 그룹을 묶는다면 그룹에만 별도로 텍스처를 취한다든지 할 수 있다.

합성은 되돌아오기 어려운 선택이므로 주의를 기울여야 한다. 브러시와 같이 복잡한 알파값이 섞여 있는 것이 합쳐지는 순간 최초에 나누어 그렸던 상태로 분해가 불가능하기 때문이다. 미려한 중간 색상들을 훗날 일일이 수정하고 싶다면 섣불리 합성하기보다 각 부분을 나누어 그대로 그룹화해 두는 것이 좋을 것이다. 그러니 확실히 합쳐져야 할 녀석들은 일찌감치 솎아내야 한다. 레이어 개수는 속도와, 파일 운용에도 막대한 영향을 끼치니 말이다.

스마트 오브젝트는 레이어의 합성과 그룹화의 단점들을 보완한 것이다. 임시로 합성된 레이어는 단지 하나의 레이어로서 작동하며, 본래 해상도보다 훨씬 커지지만 않는다면, 줄이고 다시 키우더라도 열화하지 않는다. 복원도 자체 효과도 모두 가능하다. 합쳐진 스마트 오브젝트는 심지어 새 창으로 띄워 재편집도 가능하다. 복원을 원한다면, 이 레이어들을 복제해서 들고 오는 방법이 있다. 레이어 정리를 위한 방법들은 제각기 상황에 맞추어 쓰면 좋을 것이다. 잘 나누어진 그룹은 3디 렌더링에서의 오브젝트 아이디처럼 편면 이미지에 놓인 구상 표현 오브젝트들을 일괄 편집할 수 있게 해 준다. 최종 확정된 밑그림이 정해져 있을 경우, 정리와 합성의 유용함은 더욱 활용 범위가 넓어진다.

그동안 많은 기능을 제한하고 — 거리를 두며 — 선택지를 줄여 온 것이 최종 시기에 와서야 비로소 유리한 전략이었음을 깨닫는 사람이 있을 것이다. 획이 지나가는 그 어떤 레이어에도 특정한 블렌딩이 적용되지 않았다면 그룹화하거나 합성할 경우, 레이어의 위계를 변동할 경우에도 무리가 없다. 픽셀들은 화폭 안에서 확실히 존재하는 — 앞뒤 위계를 흐트러트리지 않는 — 확실히 불투명한 물질을 지칭하고 있을 뿐이니까. 이펙터와 어드저스트먼트 레이어를 돌려 끼워 가며 레이어 탑의 구조를 일정 부분 흔든다 해도 당신의 일을 대신할 누군가나, 클라이언트가 이해할 수 있는 범위 내에서 기능할 수 있을 것이다. 무분별한 블렌딩, 물질성을 부수는 효과의 제한은 바로 이 합성의 과정을 염두해 둔 것이었다. 이제 합성이 끝난 제작물을 출력하는 단계가 남았다.

3.4.2. 『회화론』을 집필했던 르네상스의 거장 알베르티는 회화가들에게 가급적 큰 해상도로 작업하라 충고했다. 이는 커다란 그림을 공간에서 바라볼 때 단 하나로 합쳐 보일 수 있는 최적의 도구 해상도(디테일의 정도)를 찾으라는 이야기처럼 들린다. 디지털에서도 큰 해상도의 원본은 유리하다. 가득 찬 픽셀 밀도의 정보값을 더하기는 어려우나, 추출할 경우 그 미래를 선택할 수 있기 때문이다. 벡터로 도구를 중점적으로 피력하는 이들은 무한한 해상도를 최고 장점으로 지적한다. 물론 앞에서 이야기했듯, 모든 매체에서 정확한 약속 체계로 비트맵 렌더링이 구현되는 벡터도구가 나오기 이전까지,(설령 그런 툴이 나왔다 하더라도 다른 영역에서 혼돈 상태를 초래하게 될 것은 뻔한 일이다.) 우리는 비트맵 도구라는, 최소 재현값을 다루는 도구를 별도로 사용할 수밖에 없을 것이다.

해상도 확대와 축소의 비례값은 픽셀 밀도의 질을 결정하는 중요한 문제이다. 큰 이미지에서 그린 그림을 축소해서 제이피지 확장자 형식등으로 출력할 경우, 이미지는 압축되며 픽셀은 전과 다른 배열을 띤다. 여기엔 몇 가지 장점이 있다. 첫째로는 제이피지 자체가 가진 열화다. 픽셀 공간의 부동산들이 착실히 줄어든 탓에, 많은 정보값은 재단되는 동시에 조금 더 명쾌하게 보이는 것이다. 고화질을 축소하는 것은 저해상도의 그림이 인쇄된 큰 현수막을 멀리서 바라보는 것과도 같아서 자잘한 실수나 어색함은 오히려 경계를 강화하는 작은 픽셀-오류로 작동한다. 에이포 사이즈 종이 출력물, 또 500×800 픽셀, 72디피아이 해상도의 이미지로 웹 공간에서의 전시를 모두 염두에 둔다면, 원안은 그것의 125, 200퍼센트처럼, 일정하게 축소하기 쉬운 비율로 설정해 두는 것이 좋겠다. 이런 방법을 생각한다면, 브러시 내부 스페이싱과 텍스처의 비율도 브러시 크기를 키우고 축소했을 때를 염두에 두고 제작하는 것이 훨씬 유리하다는 것도 깨닫게 될 것이다. 경계는 100, 66.7, 50, 33.3, 25, 16.7, 12.5, 8.33, 6.25, 5, 4, 3, 2, 1.5, 1, 0.7, 0.5, 0.4, 0.3, 0.2, 0.1퍼센트에서 1픽셀에 해당하는 비율로 줌인되고, 다시 200, 300, 400, 500, 600, 700, 800, 1200, 1600, 3200퍼센트로 줌아웃된다. 축소/확대 단축키 동작은 균질한 공간에서 무위의 낙차를 만들고 그때마다 줄어드는 면적에 맞춘 패턴 크기를 설정할 수 있다.

3.4.3. 작업한 파일은 마침내 현실과 직접 마주하게 될 처지에 놓였다. 이제 디지털 디스플레이 내부에서의 선택과 고민들이 아닌 새로운 고민이 우리를 기다린다. 제작을 위한 법칙은 다시 그간 추상화시켜 왔던 현실세계의 해상도에 맞추어 짜여질 것이다. 픽셀, 중력, 잉크, 물감, 색상, 노즐의 마모된 정도……. 정보들의 차이를 알고 치열하게 싸우는 전사들을 별도로 고용해야만 한다. 특정 시기와 방향에 맞춰 제 아무리 충실히 재현했다 하더라도, 관측자의 시점과 환경에 의해 시시각

각 변하는 현실에서 내가 취할 수 있을 자세란, 그들이 험준한 산에서 길을 잃지 않도록 도와주는 길잡이 역할 정도다.

어려운 일이다. 설계자 자신 또한 컴퓨터 안에서 배율을 이리저리 조절하다 보면 환각증세 같은 것에 쉽게 빠져 버리고 마니까. 지금껏 반복하며 전달한 이야기는 도구 안에서 자신을 잃지 않기 위함이 그 첫 번째 목적이었던 것임을 알아 주었으면 한다. 특정 배율에서 보이는 — 보일 것이라 기대하는 — 이미지의 재현과 그것이 실제로 어떻게 나타나는지, 반복된 제작 경험을 알고 통제하는 인물이 되기 위한 준비운동 같은, 그것을 위한 거리 두기 말이다. 자신이 다루는 도구의 노예가 된 상황에서 다시 기계-기능을 다스릴 고용주의 상황으로 역전시킬 때까지 버틸 수 있는 최소한의 자세다.

딱딱한 도덕론이나 윤리강령과 달리, 이 태도는 번역의 불완전함에서 자유를, 쾌락을 만끽할 수 있도록 도와줄 것이다. 설계 계획 후에는 기분 좋게 출력버튼을 눌러 두고 달콤한 잠을 한 번 청해 볼 차례라는 점을 지적하고 싶다. 현실은 우리를 괴롭히는 악마가 아니며, 지나치게 정밀하고 깨끗하고 맥락없이 연결된 모든 것들을 자연스럽게 연결해 줄 노이즈-요정일 뿐이다. 이제 거친 입자, 자잘한 입자 들이 확대/축소되며 현실화될 때 예상치 못할 아름다운 효과를 관람할 기회만 남겨 놓고 있다. 실패건 성공이건, 다시 디지털 파일로 돌아가자. 정확한 수치들은 늘 제자리에서 우리를 맞아 줄 게 분명하다.

3.4.4. 예로부터 자연 현상과 대비되는 이성의 산물로서 고대의 건축물들이 지닌 아름다움을 찬미해 왔다. 압도적인 아름

다움의 이유는 여러 가지가 있을 것이지만, 그중 하나로 치밀하게 설정된 비례를 꼽곤 한다. 장식이 많건 적건, 고전 건축은 항상 단순하고 엄정한 비례 안에서 질료와 질료가 만나는 경계의 불연속성을 드러내거나 숨김으로써 이를 더욱 강조했다. 그렇게까지 엄격한 규율과 양식을 만들고 또 지키고 있었다는 것은 사실 놀라운 일이다. 심지어 원주율이나 황금비와 같은, 의미 있는 비례들을 활용했기에 더더욱.

미스터리를 좋아하는 동호인들은 어떻게 그런 고대에 원주율과 같은 수학적인 비례를 사용했는지, 혹 외계와 우리를 잇는 미지의 문명이 아니었는지 의심도 한다. 피보나치 함수 패턴을 가져와 소라 껍질, 그리고 석굴암의 무언가를 겹쳐 보기도 한다. 참으로 흥미롭지만, 이는 단지 그들이 사용한 도구들 탓이라 주장하는 이들도 있다. 그들은 이집트인들이 바퀴를 굴려 길이를 측정했기 때문에 원주율과 같은 복잡한 비율이 나타날 수밖에 없었다고 말한다. 만일 그리스 로마 시대처럼 제작 도구가 기하학을 연구하는 컴퍼스, 디바이더, 나무 자와 같은 것이라면 어떨까. 그런 문화 속에선 황금비와 같은 특수한 비례가 계속 등장하게 될 것이 분명하다. 선을 긋고 어느 한 점을 잡아 컴퍼스로 원을 그리다 보면 어느 틈엔가 원 안에 원을 그리고, 그 접점을 잇고 싶어질 것이니까.

특정 비율로 만들어진 것이 다른 것보다 훨씬 아름다워질 것이란 근거는 사실 없다. 아름다운 얼굴과 정치인들이 주먹질하며 다투는 사진에 황금비율 다이어그램을 겹쳐 보는 것처럼, 끼워 맞추는 것에 불과하다 여기는 것이 타당해 보인다. 그러나 지키면 아름다워지는 완벽한 비율은 없어도, 잘 지켜진 비율이 그렇지 못한 것보다 복원과 열화 그리고 재생산을 위한 리버스 엔지니어링을 가능하게 할 것임에는 분명하다. 엄선된 비례들은 새로움을 위한 임의의 시작점이다. 그것은 의미 해석보다는 재생산할 수 있게 하는, 새로운 모델을 만드는 자의적이고도 개념적인 도구이다.

광학편집도구의 세계에서는 0부터 100 사이의 숫자들이 이집트인의 바퀴, 그리스인의 자와 컴퍼스를 대신한다. 극단적인 추상으로서 숫자의 나열은 원이 굴러가는 횟수나 원과 직각 자가 그리는 궤적의 만남 같은 강렬한 서사를 보여 주지 않는다. 그저 입력에 따른 정해진 반응만 보여 줄 뿐이다. 반응은 숫자와도 관계없는 수량을 보여 주곤 한다. 약속된 수치로 자잘하게 분화된 파라미터들은 전체 비례를 흐트러트리지만 않는다면, 고전 건축과도 같은 아름다운 결과물을 제공한다. 투명도, 간격, 쌓이는 구조, 그리고 레이어의 개수 등. 선택-조정은 복잡한 물리법칙의 인과만을 모아 무목적-무맥락의 세계에서 한번 재배열해 보는 것이다. 이 방법은 선택된 비례 환경과 오브젝트 사이의 임의의 관계가 빚어 낼 미래를 암시한다.

캔버스 크기, 브러시의 크기, 투명도, 텍스처의 축소, 확대 비율 설정 등 특정 숫자키를 반복적으로 누르는 행위는 종이를 덧대거나, 연필을 더 문지르거나, 화지에서 멀리 떨어지거나 하는 시-공간의 소비도 불필요하게 만들었다. 누군가는 내가 고용한 이가 그저 키보드를 편집증적으로 누르고 있기만 할 뿐이라 오해할 것이다. 모니터를 틀어 놓고 줌인 줌아웃 하는 중에 의식이 늘 어디론가 멀어져 가는 경험을 떠올려 본다면 물론 이 말도 완전히 거짓말은 아니다. 그러나 완전한 삭제와 편집이 가능한 공간에서 여러 차례 심사숙고해서 나온 이미지란, 그 자체로 완성이면서 동시에 새로운 완성으로 향하는 첫걸음과도 같다.

이미지는 이제 출력되어질 매체를 강조하고, 질료의 특성, 해상도와 이미지 경계의 교체 등 편집, 선택한다는, 새로운 동적 환경을 제공한다. 단순히 모니터에 비치는 상을 종이에 옮겨 보는 정도에 그치지 않는다. 평면은 이제 입체를 위한 몇 개의 단편적인 서사로 구분된, 3차원으로 향하는 약속-도구이니 말이다. 종이와 필름 등 물질들의 미시적인 감각들에서부터 시엔시와 3디 프린팅 같은 연동 기술은 다층 평면들이 제공하는 상태를 — 거대한 동판과도 같이 — 모니터를 캡처하거나 출력하는 것과 동일한 프로세스로 가능하게 했다. 우리는 시공을 초월한 우주공간에서 촬영 가능할 법한, 새로운 사진도구의 발명을 맞이한 것은 아닐까.

아날로그부터 디지털까지 광학도구는 중심축이었다. 르네상스 장인들은 소실점을 담아 둘 프레임이라는 장치를 고안했고, 프레임 격자 선과 만나는 물체 외곽선을 — 우리 눈으로 향하는 화면의 단면을 — 잡아내려 애썼다. 작은 구멍을 통해 공간을 벽으로 또 거울을 통해 눈으로 들여오는 기술은 사진기라는 이름으로 명명되었다. 광학 전쟁의 에이케이-47 같은 녀석은, 그 총구의 방향과 발사 방향이 뒤집혀 있는 상태였다. 광학도구 자체에서 느껴지는 불안감은 이 전통적인 시점의 방향에서 기인하지 않는가 생각해 보게 된다. 대상을 향하지만 사실 대상을 내부로 흡수하려 하는 것, 안구 앞에 놓인 바늘 끝 자극 같은 불안 말이다. 불안함은 대상과 이미지가 친해지게 하기는 커녕, 늘 분리시켜 왔다.

이에 대한 초극단적인 반발-발명은 화면 바깥 공간으로 쏘는 역발사장치일 것이다.(나는 그것을 광학도구의 에이케이비48과 같은 것이라고 명명해 본다.) 그것은 다소 불편한 동작으로 카메라를 쥐던 것에서 시작해서 카메라를 나와 내 배경을 담아내는 거울로 만드는 셀카봉으로 진화했다. 이른바 화면 프레임에 포착되기 어려운 바깥쪽에서 존재하는, 직경 2센티미터 내외의 금속막대 말이다. 총구는 이제 다시 거꾸로(똑바로) 되돌려졌다. 발사하는 것은 여전히 나 자신이니, 눈은 이제 과도한 책임감과 속박에서 자유로워진 것처럼 보인다. 나와 내 주변을 디지털 공간으로 모두 포섭시킴으로써 집단은 현상을 언제 어디서고 함께 바라보기 시작했다. 슬라이드 필름을 루페(고배율 확대경)로 들여다보는 현대인-개인의 수고스러움은 이제 필요 없어졌다. 셀카봉은 단지 이런 현상의 극단에서 탄생한 상징적인 사물일 뿐이다. 이미지들은 와이파이를 타고 모니터로, 픽셀로 재차 열화하고 있다. 허리를 굽히고 한쪽 안구에 렌즈가 닿을 듯 밀어 대며 보던 것은 까맣게 잊었다. 이젠 의자에 앉아 화장대 거울을 보듯 편안한 일이다.

역방향에서 담겨진 이미지 파일은 모방이고 재현이자, 다시 그 자체로 담아내야 할 현실이 되었다. 시시각각 성질을 바꿀 수 있는 디지털 파일은 출력물에서 딱 출력 매체만큼을 제외한 꼴을 지니게 된, 그 어떤 실험도 가능한 새로운 환경이다. 하지만 어떤 흠결도 메꾸고 다시 뒤틀어 만들어 버리는 고차원의 1 대 1 모델이 2차원 창문 속 어딘가에 존재하고 있다는 사실과 그에 대비되는 집단의 프레임에 맞춰진 욕망은 앞으로 훨씬 더 초라한 미래를 그리려 할지 모른다.

미래가 무슨 상관인가. 다들 그저 당장 눈앞에 넘쳐 나는 픽셀 효과에만 신날 뿐이다. 커다란 디스플레이에 비춰진 픽셀들이 확대되고 움직이는 모습을 바라보는 건 공공 도서관과 카페의 좌석을 일찌감치 맡아 둔 채 쪽지를 남겨 두고 가는 것 이상의 쾌감일 것임에 분명하니까.(아마도 초창기 넷스케이프를 사용하던 세대가 자신의 아이디와 프로필이 달린 블로그나 '홈페이지'에서 느끼던 감정과 비슷할 것 같다.) 이제 손으로 그린 스케치를 적당히 캡처해서 적당히 소셜 네트워크상의 어지러운 글자와 버튼이 가득한 브라우저 속에 집어넣어 두는 것이 큰 위안이 되고 말았다.

화면에 비치는 글자와 함께 올라오는 이미지, 거기에 순식간에 쏟아지는 댓글을 보면 포토샵 기본 브러시의 어색함과 씨름하던 21세기 첫해를 추억하는 내가 어르신이 된 것 같은 기분이다. 어르신은 어린애들이 괜히 디지털 공간에 업로드와 다운로드를 반복하다 가끔 밀도만 높은 이미지를 만나면 감화받고 마는, 역치값 낮아진 상태로 사치스러움에 취하고 있지 않을까 불안하다. 그러나 걱정은 그저 기우에 불과할 거라 믿는다. '최종'이란 그저 임시 지정된 이름일 뿐이니까. 셀카봉을 지렛대 삼아 화면의 바깥으로 도망쳐도 다시 고정된 시점으로 포섭된 이미지는 또 다른 크기, 모양, 해상도의 매체에 담겨지며 픽셀 레벨에서부터 '최종_마지막_진짜_최종'으로 편집, 수정되어 발사되어질 운명이니까. 액정화면을 넘어 책장의 책으로, 방의 가구로, 전시장의 그림으로, 그리고 도시의 건축물로. ✦

4. 2010년 동경의 아키하바라 근처를 배회한 적이 있었다. 간다 고서점 거리에 마에카와 구니오와 시라이 세이이치 등 일본 근대 건축가들의 작품집을 사기 위해 들렀다가 원하던 책이 없어 아쉬운 마음에 남는 시간 아키하바라까지 그냥 걷기로 했다.

아키하바라는 일본 오타쿠들에게 성지와 같은 곳으로 유명하다. 오타쿠는 하위문화인 게임, 만화, 애니메이션 등을 맹목적으로 소비하며 그에 관한 이야기를 끝없이 재생산하는 이들을 일컫는다. 미술대학 학부 시절, 21세기 초에 이른바 오타쿠-아트, 슈퍼플랫 등의 단어를 듣던 것을 기억한다. 그즈음 나는 이미 일본과 한국에서 하위문화의 온도 차이가 있다는 것을 짐작하고 있었다. 그렇지만 당시 한국에서 일본의 오타쿠 문화, 특히 아키하바라로 일컬어지는 상업 문화 공간을 있는 그대로 체험한다는 것은 거의 불가능에 가까운 일이었다. 그때나 지금이나, 한국의 하위문화는 시장이라고 부르기도 어려우니, 도심지를 장악할 만한 상점 규모라는 것은 더욱 상상할 수 없었다. 아키하바라는 한국으로 치자면 일종의 용산 전자상가 단지와도 같은 곳인데, 도로와 건물의 면면은 거대한 일러스트레이션(주로 눈이 크고 가슴이 비대하게 과장된 유아형 얼굴의 여성 캐릭터)들로 가득 차 있다.

대로 옆 소프트 맵이라고 불리는 상점의 게임 소프트웨어 판매처 앞이었을 것이다. 새벽부터 새로 발간되는 게임, 그리고 앞으로 발간될 게임을 예약하러 온 오타쿠들이 더운 여름 아침에도 긴 행렬을 이루고 있었다. 장기 불황이 가속화되는 와중에도 유일하게 지속적인 성장을 하고 있는 것은 바로 게임, 라이트노벨, 망가, 아니메 등의 오타쿠 산업이라는 뉴스를 접한 지 얼마 안 되었기 때문이었을까, 그들에게 유난히 시선이 갔다. 그들이 열광해 마지않는 게임이란, 바로 아키하바라를 수놓는 미소녀들이 나오는, 연애 시뮬레이션 게임이다. 게임 안에서, 오타쿠들은 1인칭의 시점으로 다채로운 이성과 연애 감정을 나누고, 이따금 자신들의 성욕을 채운다. 일반적인 시선으로는 게임에 등장하는 미소녀들의 인상을 구분 짓기 어렵다. 큰 눈, 원색의 머리색, 벡터 선으로 딴 듯한 정교한 머리칼, 옷 주름과 눈의 하이라이트 패턴, 현실에 있을 리 없는 유치한 드레스와 악세서리. 일반적인 시각에서는 그런 캐릭터에 감정을 이입한다는 것이 쉬워 보이지 않는다. 그러나 오타쿠들은 이런 미묘한 차이를 구분하고, 그들에게 인격을 부여하며 열광한다.

이러한 게임은 실은 게임이라고 부르기조차 무엇한 단순한 시스템으로 구성되어 있다. 배경과 캐릭터, 그리고 캐릭터의 앞쪽에 놓인 스테이터스와 텍스트 윈도, 아이콘들이 전부이다. 사용자는 게임을 켜고 자신의 이름을 설정한 뒤, 텍스트 창에 렌더링되는 글자들(화면 속 캐릭터가 사용자가 정한 이름을 부르며 구어체를 쓴다.)을 읽고, 가끔 주어지는 선택지에 답만 하면 된다. 공략을 위한 설명서도 필요 없는 단출한 구조 속에서, 남아 있는 서사는 오직 길고 긴 대화를 담는 틀처럼만 존재한다. 간단한 캐릭터와 세계관, 그 설정들을 뒷받침하는 수준에서, 이야기는 화면-이미지의 도움을 받으며 힘겨운 발걸음을 뗀다.

이때 이미지들은 대부분 고정되어 있다. 가끔 움직이는 것은 캐릭터의 눈망울이나 성행위 시 흘러나오는 액체의 반짝거림 같은, "효과"뿐이다.(겨우 몇몇 단순한 이미지가 나타났다 사라지는 정도의 초보적인 애니메이션이다.) 어려운 시점이나 구도도 거의 사용하지 않는다. 대체로 1점 투시의 단순한 배경 그림, 캐릭터 원화의 교체나 배치에 따라 적절한 상황이 그려지곤 한다. 이러한 방식을 취하는 데는 게임 업계의 영세함, 일러스트레이터 투시 교육의 부재(제작에 참여하는 일러스트레이터들이 아마추어인 경우가 많다.), 경제적인 문제 등 여러 가지 이유가 있을 것이지만, 무엇보다 1점 투시의 강력한 힘은 오브젝트들의 공간과 그 사이의 거리감을 쉽게 드러낸다는 점일 것이다.

사용자 시선 정중앙에서 뻗어 나온 점, 그 점이 닿은 화면에서 다시 대각선으로 확장되어 나오는 투시선은 모니터 안의 공간 그 자체에 깊이감을 부여한다. 얇디얇은 표면으로서만 존재하는 캐릭터는 단지 가상공간에서 서 있는 것만으로 실존적인 위상을 차지한다. 화면 바깥쪽에서부터 현실감(깊이)을 인지하는 메타-공간이라 불러야 할까. 배경과 캐릭터, 그리고 인터페이스, 각각의 레이어들은 따로따로 구분되어 있고, 경계는 깨끗하게 닫혀 있다. 마치 종이를 오려 낸 듯이.

투시의 힘과 더불어 2차원 이미지, 즉 평면 이미지 들은 그 자체로 (현실에는 존재하지 않는) 거리를 두는 데 성공한다. 물론 이는 헛 소실점을 매개로 배열된 레이어가 만든, 존재하지 않는 공간이다. 개별 레이어에 놓이는 오브젝트들은 또한 제각기

다채로운 유형들을 불러들여 삽입할 수 있는 가능성을 지니고 있다. 그렇게 삽입된 오브젝트들은 화면 안의 밀도를 높여 레이어 간 거리의 격차감을 가속시킨다. 이를테면, 한 마을에서 일어나는 살인 사건을 추적하며 마을의 여성들과 사랑을 나누는 게임이 있다 하자. 그 마을의 거리, 집 앞, 학교 등등 다양한 풍경은 배경파일로서 배경의 레이어에 위치하고, 캐릭터들은 희노애락을 나타내는 표정과 손동작 등의 파일 등을 갖는다. 이들이 적절히 배합되어 일종의 분위기가 조성되며, 텍스트 창에서는 그 상황에 맞는 적절한 대사가 나오는 식이다.

이런 시각화 양식은 1차적으로는 1980년대에서 1990년대를 수놓았던 셀 애니메이션과 같은, 기초적인 겹침 기법의 연장선에 있었던 것으로 보인다. 배경과 캐릭터는 투명한 셀에 불투명 물감으로 채색되어 앞뒤로 놓으며 다음 움직임이 필요할 때 각 레이어는 교체된다. 연애 시뮬레이션 게임은 여기서 과도한 움직임(노동)을 제거하고, 정밀하게 트레이싱된 실사체의 배경에, 어색하리만치 납작한 캐릭터를 등장시켜 여기에 캐릭터성을 부과하는 각종 장치들을 덧붙여 나가는 전략을 구사한다. 얇디얇은 표면-레이어는 실존 재질을 모방하기도 하지만, 또 실제와는 전혀 다른 상징적 표피로 동시 작동한다. 레이어는 지우는 것으로 완전히 투명해지기에, 개념적으로, 두께를 통해 인지할 재질감은 거의 없는 것으로 보인다.(혹 두께가 있어 보이더라도 그건 접혀 있는 모습을 흉내 낸 것일 뿐이다.) 이렇게 적용되는 패턴들은 소실점과 상관없이 다른 시점으로, 혹은 완전한 평면일 수도 있다. 마치 인쇄한 종이를 이래저래 접는 오리가미(종이접기), 낡은 사찰의 공포구조에 그려진 탱화나 단청무늬 간의 관계처럼. 구상화라 하더라도 공간의 현실성과는 상관이 없는, 캐릭터를 보조하는 악세서리로 사용되는 것이다.(캐릭터의 눈동자 속 빛과 실제 공간의 빛의 서로 다른 방향성을 떠올려 보라.) 반면 레이어들의 위계는 뚜렷하다. 배경은 가장 밑바닥에, 캐릭터는 그 위에, 악세서리는 그 둘 사이의 어디쯤(혹은 맨 앞)에 존재한다.

극단적인 현대 소비-생산 문화의 시작점에는 언제나 이런 연애 시뮬레이션과 같은 이미지 구성, 레이어로 분화 가능한 이미지-텍스트 레이어의 세계가 있었다. 세계에서, 캐릭터와 배경은, 1점 투시라는 원시적 틀로 서로의 관계를 확인하며, 묘법과 색상의 낙차감으로 납작한 세계에서 자신을 도드라지게 한다. 이 양식은 비례를 달리하여 텍스트가 배경이 되어 버리는 라이트노벨, 캐릭터의 움직임이 더 강화되는 아니메, 효과의 묘법이 한층 강화되는 망가로 흡수되거나, 또 그들을 흡수한다. 바야흐로 21세기의 일본발 하위문화란 서로서로 공유하는 데이터베이스의 오브젝트, 배경, 캐릭터의 레시피를 조금씩 바꾸어 가며 만드는, 밥 위에 반찬 한 종류만을 얹는 단출한 식사와도 같다.

답습되는 하위문화의 데이터는 그다음, 다음 작품을 거치며 레이어가 쌓이는 특징을 보인다. 몇 세대를 거치며 서사는 모든 데이터를 렌더링해 주기 위해 움직이는 좌표-축으로 기능하기 시작한다. 레이어를 쫓는 우리의 시각 동선이 맞닿는 어느 위치에서부터 이들의 이야기는 돌고 또 도는데, 이른바 '루프'

라고 불리우는 서사 양식은, 끝없이 반복되는 레이어의 교체, 재배열, 유형들의 교환체계 시스템을 보여 주는 자기 자랑의 축으로 작동한다. 거대한 자전축은 경제 침체와 저성장의 구렁텅이에서도 끝없이 생산가능한 새로운 모델인양 우스꽝스러운 자태를 뽐낸다. 실제로, 자기 과시적 욕망은 생산을 자극하고 3차원으로, 그 이상의 차원으로 원심력을 실어 메시지를 날려 보내고 있는 중이다.

보편적으로 이러한 문화를 즐기는 이들(오타쿠)은 산업 메커니즘의 효율적인 결과보다도 아름다운 공예품과 같은 미적 생산물에 더 중점을 두는 소비자들이다. 이들이 이야기하는 아름다움, 미의식이란 무척 초라하지만 자기 완결적이며, 그들 삶의 수준에 비교하자면 매우 큰 사치이다. 하지만 동시에, 하위문화는 그 사유와 구성의 치졸미로 하여금, 즐기는 이들이 어렵지 않게 비슷한 결과를 만들기 위해 시도할 수 있는 낮은 진입장벽을 쳐 놓았다. 얼마 지나지 않아 그들 서로는 나름의 시스템과 체계를, 그 역사의 흐름 속에서 자연스레 소비하며 나아가는, 최초-최후의 인종으로서 재등장한다. 그들에게 한 끼 식사란 몇 가지 재료들로 변용 가능한 것이며, 옷과 가구같은 생활용품 또한 그런 연장선상에서 소비할 것임이 분명하다.

그들의 창작품에서 새로움이란, 실은 전체 이미지에서는 겨우 1픽셀 정도의, 안티에일리어싱조차 거의 없는 가느다란 선에 불과할 것이다.(텍스트 창에 떠오르는 글씨 정도 말이다.) 선은 1점 투시도로 대표되는 거대한 세계의 구조와 대항하며 이따금 지금 네가 바라보는 것이 평면이냐 혹은 고 중력장 속에서 몇 차원을 건너뛰어 합쳐진 이미지인지 묻는다. 이미지를 스마트폰의 표면에서부터 모니터 유리평면 안쪽까지 만지작거리는 것이 가능해졌기에 레이어 사이의 낙차감을, 경계의 분절성을 더 심하게 느낄 수 있을지 모른다. 그런 새로운 공간을 꿈꾸는 것이 과연 텅 빈 판도라의 상자 속에 희망이 있으리라(그 누구도 상자를 열어 확인할 수는 없을 것이다.) 믿는 것과 어떤 차이가 있을까마는…….

소프트 맵에 길게 줄을 선 이들은 다들 며칠 밤을 지샌 듯 퀭한 눈이었다. 몇몇은 게임 소프트를 사기 위해 줄을 서느라, 몇몇은 어젯밤 늦게까지 2채널의 게시판에서 노느라, 밀린 원고를 끝내 놓느라, 또 연이은 야근이나 아르바이트로 피곤해 지친 것일 수도 있다. 어쨌거나 모두 다 똑같은 표정으로 서서 똑같은 모양의 패키지를 비닐봉지에 담으며 삼삼오오 거리로 사라져 버리는 것이었다. 그것을 쳐다보던 나는, 그 순간 그들이 (반)투명해져 버린 느낌을 받았다. 아니, 사실 그 투명함은 주변 공기의 밀도가 짙어져 그들 몸의 일부가 가려진 것에 더 가까웠을 것이다. 한여름의 열기는 아키하바라 아스팔트 보도에 아지랑이를 만들기 충분했는데, 나는 어쩐지 거기서 차가운 밤공기에서 느낄 수 있을 서늘함을, 커다란 눈망울과 크고 작은 육체를 가진 미소녀들로 뒤덮힌 건물들을 하나로 합쳐 버리는 안개를 연상하고 말았다. ✦

5. 강령술(necromancy) 점을 치기 위해 망자의 영혼을 불러오는 마술의 형태이다. 주로 흑마법이나 부두술에서 유래한 것으로 마법사나 주술사, 소환술사가 행하며, 이를 통해 시체나 동물의 사체를 소생시켜 움직이거나, 혼령을 불러내어 대화하고 그들을 조정할 수 있다고 한다.

게임(game) 컨트롤러를 사용해 화면 속 캐릭터를 조작하는 전자오락을 뜻한다.

계조(gradation) 그림, 사진, 인쇄물 따위에서 밝은 부분부터 어두운 부분까지 변화해 가는 농도의 단계.

광학편집도구(raster graphics editor) 포토샵을 비롯한 디지털 디스플레이에 비춰진 '픽셀'을 조작, 편집하는 도구의 총칭. 책에서 말하는 광학편집도구는 컴퓨터나 스마트폰에서 다시 포토샵으로 이어지는, 촬영 도구 안에서 연속적인 상황도 지칭한다.

구축하기(텍토닉)(construct(tectonic)) 건축에서 텍토닉은 사용성과 예술적인 면 모두를 포괄하는 구축에의 예술이라 묘사된다. 단순히 필요하기 때문에 사용하는 재료를 다루는 행동만 의미하지는 않으며, 이를 통해 오히려 예술적 형태를 창조한다. 텍토닉은 건축가가 물리적인 재료에 형상-모델링을 가미해 형이상학적 실존성을 부여하려는 행위다.

궤적(trajectory) 수레바퀴가 지나간 자국이라는 뜻으로, 물체의 움직임을 알 수 있는 자취를 이르는 말이다. 어떠한 일을 이루어 온 과정이나 흔적을 뜻한다.

김건호(Gunho Kim, 1980~) 한국의 건축가.

단면(section) 물건 내부의 형상을 명시하기 위해 물품을 가상으로 절단하여 절단면의 앞쪽 부분을 제거하고 그린 투영도. 하나의 평면에서 물품 전체를 절단하고 전부를 절단하여 나타낸 것을 전단면도, 대칭 중심선을 경계로 절반을 단면으로, 절반을 외형으로 나타낸 것을 편측단면도, 필요한 부분만을 단면으로, 나머지를 외형으로 표시한 것을 부분단면도라고 말한다. 물품을 절단한 평면을 절단면, 절단면상에서 나타내는 도형을 절단면이라고 말한다.

도나토 브라만테(Donato d'Aguolo Bramante, 1444~1514) 이탈리아의 건축가이다. 교황 율리오 2세의 부탁으로 성베드로 대성당을 고치기 위해 일생을 바친 건축가이다. 처음에는 로마네스크 건축을 배웠으나, 1499년 로마에 이주하여 고대 건축 양식을 연구하고 중앙당 형식의 성당 건축 양식을 확립하여 명쾌한 선과 웅장한 느낌을 살린 바티칸 궁전, 밀라노의 칸체라시아 궁전 등 많은 걸작을 남겼다. 르네상스 건축의 선구자로 건축사에서 그가 차지하는 비중이 매우 크다.

디지털(digital) 자료를 유한한 자릿수의 숫자로 나타내는 방식.

라이노(Rhinoceros 3D) 라이노세로스 3D, 통칭 라이노는 1980년 미국에서 창립된 로버트 맥닐 앤드 어소시에이츠가 만든 3차원 컴퓨터 그래픽 소프트웨어이다. NURBS라는 수학적 모델을 기반으로 컴퓨터에서 정밀한 곡선과 자유로운 형태를 만들 수 있게 해주었다. 빠른 프로토타이핑이나 리버스 엔지니어링, 건축 CAD 과정에서 필요한 도구가 되었다.

라이트노벨(Light Novel) 일본의 서브컬처에서 태어난 소설 종류의 하나이다. 영어 단어 light와 novel을 조합한 일본어식 영어로서, 현재에는 영어권에서도 일본의 독자적인 소설 장르를 가리키는 단어로 사용되고 있다. 대개 휴대폰 사이트 게시판이나 미니홈피에 올라올 듯한 저열한 문체(혹은 그런 양식을 모방한 것)로 쓴 글로서 글 자체로서는 미숙함을 부정하기 어렵다. 아니메와 만화 게임 일러스트의 양식을 고루 차용한 캐릭터 일러스트가 허전함을 마저 채워 주는 역할을 담당할 수 있게 해 주었다.

래스터 이미지(raster image) 전산학에서 래스터 그래픽스 이미지, 곧 비트맵은 일반적으로 사각형 격자의 화소, 색 점을 모니터, 종이 등의 매체에 표시하는 자료 구조이다. 래스터 이미지는 다양한 포맷의 그림 파일로(jpg, gif, png 등) 저장할 수 있다. 화소 단위로, 또 화소당 비트 수(표시하는 색의 수를 정의하는 색 깊이)로 그림의 가로, 세로에 따라 구분한다. 인쇄 산업에서 래스터 그래픽스를 연속 톤으로, 벡터 그래픽스는 선형 작업으로 부른다. 래스터라는 낱말은 라틴어 radere(문지르다의 뜻)에서 유래한 rastrum(갈퀴라는 뜻)에서 비롯하였다.

레온 바티스타 알베르티(Leon Battista Alberti, 1404~1472) 이탈리아 초기 르네상스의 철학자이자 건축가. 르네상스 문화생활의 선구자이다. 그는 다재다능한 자질로 존경을 받았다. 경험적으로만 사용되던 투시도법을 실제로 쓸 수 있도록 이론화한 인물로 알려져 있으며, 1450년 『건축론』 열 권을 저술하여 건축가로서의 경험과 미학적인 원리를 세웠다. 그의 이론은 옛 고전의 아름다움을 찾아내는 것을 출발점으로 하였는데, 훗날 바로크 건축에 큰 영향을 주었다. 저서로 『조각론』, 『회화론』 등이 있다. 개성, 저서, 학문의 폭 등에 비추어 볼 때 르네상스 보편인의 모범으로 여겨진다.

반세기 뒤 레오나르도 다 빈치도 그와 비슷한 인물로 평가받지만, 알베르티는 사람됨과 업적에서 통일성을 더 큰 특징으로 한다. 알베르티의 지적 추구와 예술적 추구는 동질적이었으며 이론과 실천 사이의 독특한 균형을 이룩했다. 동시대 사회, 정치 사건들이 르네상스의 시대적 소망을 꺾기 시작한 바로 그 시점에 그는 소망을 실현하고 있었다.

레퍼런스(reference) 참고자료. 컴퓨터 공학에서는 다른 위치에 있는 데이터를 가리키는 정보를 포함하는 작은 객체를 뜻한다. 그러나 자신을 향하는 데이터 자체는 포함하지 않는다. 레퍼런스가 가리키는 값을 꺼내는 것을 역 참조(dereference)라고 부른다. 참조는 다양한 데이터 구조를 구성하는 기본 요소이며, 프로그램 각 부분에서 정보를 교환하기 위한 기본이기도하다.

렌더링(rendering) 디자인 용어로 번역, 표현, 묘사, 연출, 연주 등을 의미한다. 건축과 미술에서는 완성 전에 상상으로 그리는 그림을 의미한다. 산업 영역에서 모델과 함께 제시용 디자인으로서 렌더링은 중요하게 다뤄진다. 건축 설계에서 사용하는 투시도와도 같은 것으로 입면도나 전개도에 그림자를 붙여 입체적으로 표현된다. 컴퓨터로 제작될 시 여러 시각적 효과를 통해 화상의 실체감을 강조한다.

리차드 노이트라(Richard Neutra, 1892~1970) 오스트리아 태

생의 미국 건축가. 미국에 국제주의 양식을 소개한 것으로 유명하다. 빈공과대학과 취리히대학교에서 공부했고 독일 건축가 에리히 멘델존과 함께 1923년 이스라엘 하이파 도시계획안공모전에서 상을 받았다. 같은 해 미국으로 이주하여 프랭크 로이드 라이트(Frank Lloyd Wright, 1867~1959)와 함께 일했다.

리퀴파이(liquify) 액화하다라는 의미 그대로, 픽셀을 유동적으로 (보이게) 만드는 포토샵 필터를 말한다. 사진관이나 쇼핑몰에서 얼굴의 잡티나 골격 등을 수정할 때 자주 쓰인다. 최근에는 일러스트를 빠르게 수정하는 데도 널리 사용되고 있다.

마에카와 구니오(Maekawa Kunio, 1905~1986) 일본의 근대 건축가. 1928년 도쿄대학을 졸업한 뒤 2년 동안 파리에서 건축가 르 코르뷔지에(Charles-Édouard Jeanneret-Gris, a.k.a. Le Corbusier 1887~1965)에게 사사했다.

마천루(skyscrapper) 고층건물을 뜻하는 말. 단순함이 특징인 국제주의 양식은 마천루 디자인에 꼭 들어맞는 것처럼 보였다. 그래서 제2차 세계대전 뒤 수십 년 동안 대부분 국제주의 양식의 마천루가 건설되었는데, 뉴욕에 있는 시그램 빌딩과 시카고의 레이크 쇼 드라이브 아파트가 대표적인 예에 속한다.(두 건물 모두 미스 반 데어 로에(Ludwig Mies van der Rohe, 1886~1969)의 작품이다.) 뚜렷한 수직성과 유리 커튼 월 양식은 초현대적 생활양식의 증명서처럼 여겨져 곧 작은 마을과 교외 중심지에도 유리상자 같은 건물이 무리지어 들어섰다. 본문에서는 현대의 유리건물과 대비를 이루는, 조성 시간과 공법을 확실히 눈치채기에 불확실한 불투명한 구조체, 데빌스 타워를 비유하는 말로 사용되었다.

마트료시카 인형(Matryoshka doll) 러시아의 전통 인형이다. 다산과 다복 그리고 부유함과 행운을 가져오는 인형이라고 한다. 보드카, AK-47과 함께 러시아를 대표하는 것 중 하나이다. 러시아에서 처음 만들어진 것은 1890년으로 알려져 있는데, 일본에서 나온 기념품에서 착안하였다고 한다. 1900년에 러시아 각지에서 여러 가지 마트료시카가 만들어지게 되면서 러시아의 민속 공예품과 선물로 알려지게 되었다. 생김새는 나무 오뚝이처럼 생겼고 두건을 쓴 소녀 그림이 그려져 있다. 큰 인형 안에 약 80퍼센트 크기의 작은 인형이 계속 들어있어 인형 안에서 꼭 같이 생긴 인형을 꺼내고 또 꺼낼 수 있다.

만프레도 타푸리(Manfredo Tafuri, 1935~1994) 이탈리아의 건축가, 역사가, 이론가, 비평가이자 학자. 20세기 후반을 통틀어 세계에서 가장 중요한 건축 역사가임에 틀림없다.

모델(model) 작품을 만들기 전에 미리 만든 물건. 또는 완성된 작품의 대표적인 보기. 본보기가 되는 대상이나 모범을 말한다. 조각이나 회화 등의 모방 대상이 되는 인물이나 사물을 점토 따위로 미리 만들어 낸 원형이라는 의미도 있다. 건축에서는 엄밀하고 풍부한 정보량의 사용 가능한 표준들을 활용해 의사소통을 위한 시스템을 구축한다.

벽돌(brick) 일반적으로 점토를 구워 만드는 직사각형의 작은 각재. 건물이나 그밖의 다른 구조물의 기초, 벽, 기둥, 버팀벽, 아치 등에 쓰이며, 굴뚝 공사에도 쓰인다. 모르타르로 벽돌을 쌓아올리는 데는 늘 정해진 유형이나 쌓기의 방식이 있는데 이로 인해 오히려 구조물의 형태가 매우 다양하게 세워질 수 있다. 벽돌의 기원은 약 6,000년 전인데 처음에는 태양열로 건조시켰으나 이후 벽돌을 굽는 가마가 고안되었다. 19세기에 발명되어 유럽과 미국에서 사용된 벽돌은 현재보다 크고 속이 빈 점토 벽돌이었지만 오늘날의 벽돌은 이전의 벽돌에 비해 많이 발전된 수준이다. 로마인들은 벽돌을 콘크리트와 섞어 사용하여 아치, 볼트, 그리고 돔을 만들어냈다. 이 기술은 비잔틴인, 셀주크, 오스만투르크에 영향을 주었다. 벽돌로 지은 건물은 이탈리아, 북부 독일, 덴마크, 북해 연안의 저지대 지방, 영국 일부 지방 등의 건축에서 두드러지게 되었다.

불연속적(discontinuous) 죽 이어져 있지 않고 중간중간 끊어져 있는. 또는 그런 것.

브러시 팁 셰이프(brush tip shape) 붓 끝의 모양을 조절한다는 말 그대로, 포토샵 브러시 도구 탭의 맨 위에 위치한 브러시 컨트롤의 시작점에 해당하는 중요한 메뉴이다.

브리스틀 퀄리티(bristle qualities) 짧고 단단한 붓털을 의미하는 브리스틀의 성질을 구성하는 도구 항목. 실제 붓의 평평하거나 둥근 모양을 비롯, 길이, 굵기, 경도, 각도, 붓모 수, 3차원 축을 조정할 수 있는 파라미터를 탑재하였다.

비계(scaffold) 건설현장에서 쓰는 가설 발판구조. 건설 및 보수 공사, 건물과 기계를 청소할 때 작업인부와 자재를 들어올리고 받쳐 주기 위해 쓰며 모양과 쓰임새에 따라 하나 또는 여러 개의 발판재를 다양한 방식으로 받쳐서 만든다.

비방 (알베르티, 『회화론』, 김보경 옮김, 기파랑, 2011.) 필리포 브루넬레스키에게 보내는 헌정 편지(앞의 책, 71쪽.)에서 알베르티는, "이 책을 비방하려는 자로부터 비방을 듣기보다는, 누구보다 특히 그대가 고쳐 주길 간절히 원합니다."라고 끝맺는다. 제2권에서 그는 그물 망사 사용과 같은 트레이싱 기법에 대해 우려를 표하는 화가들의 말을 믿지 않겠다고도 하는데(앞의 책, 133쪽), 구전으로 전해지던 치기어린 기술을 한 단계 높은 방법론으로 격상시키려는 의지를 엿볼 수 있는 대목이다.

성베드로 대 성당(Saint Peter's Basilica) 1506년 교황 율리우스 2세가 건립하기 시작해 1615년 교황 파울루스 5세 때 완성되었다. 삼랑식 라틴 십자형 평면으로 되어 있으며 사도 베드로의 성 골함을 덮고 있는 주제단 바로 위의 십자형 교차부에 돔이 올려져 있다. 교황의 교회로 쓰이는 이 대건축물은 중요한 순례지이다. 교회를 짓겠다는 구상은 구 성베드로 대성당의 황폐한 모습을 보고 자극받은 교황 니콜라우스 5세(1447~1455 재위)가 처음 생각해냈다. 당시 대성당의 벽은 몹시 기울어 있었으며 프레스코는 먼지로 뒤덮여 있었다. 1452년 니콜라우스는 베르나르도 로셀리노에게 구 성베드로 대성당 서쪽에 새로운 앱스를 지으라고 명령했으나 니콜라우스가 죽자 공사는 중단되었다. 1470년 파울루스 2세는 이 기획을 줄리아노 다 상갈로에게 맡겼다. 1506년 4월 18일 율리우스 2세가 새 바실리카를 위한 초석을 놓았고 건물은 도나토 브라만테가 설계한 평면에 따라 그리스 십자형 평면으로 건립하기로 했다. 그러나 1514년 브라만테가 죽은 뒤 브라만테의 후계자로 임명한 라파엘로, 프라 조콘도, 줄리아노 다 상갈로는 원래의 그리스 십자형 평면을 수정해 기둥으로 구분된 삼랑식 라틴 십자형 평면으로 바꾸었다. 1520년 라파엘로가 죽은 뒤 후임 건축가로 대 안토니오 다 상갈로와 발다사레 페루치, 안드레아 산소비노가 임명되었다. 1527년 로마가 함락당한 뒤 파울루스 3세는 이 공사를 소 안토니오 다 상갈로에게 맡겼고 상갈로는 다시 브라만테의 설계를 답습하여 새 바실리카를 지을 공간과 지금도 사용하고 있는 구 바실리카의 동쪽 부분 사이에 분리벽을 설치했다. 1546년 상갈로가 죽자 파울루스 3세는 앞서 율리우스 3세와 피우스 4세 때에도 수석 건축가로 일했던 노령의 미켈란젤로에게 다시 일을 맡겼다. 1564년 미켈란젤로가 죽은 당시에는 거대한 돔을 받칠 원통형 구조물이 사실상 완성되어 있었다. 그의 후임자는 피로 리고리오와 자코모 다 비뇰라였으며 그뒤 그레고리우스 13세의 위촉으로 자코모 델라 포르타가 공사를 진행했다. 미켈란젤로가 변경했던 돔 설계는 식스투스 5세의 고집으로 마침내 완성되었고 그레고리우스 14세의 명령으로 돔 위에 채광창이 세워졌다. 클레멘스 8세는 구 성베드로 대성당의 앱스를 헐고 나서 칼릭스투스 2세의 제단 위에 새로이 높은 제단을 세웠다. 파울루스 5세는 동쪽으로 네이브를 확장시킴으로써 라틴 십자형으로 변형시킨 카를로 마데르노의 계획안을 채택했고, 이에 따라 길이 187미터에 이르는 주 구조물이 완성되었다. 마데르노는 또한 이 바실리카의 정면을 완성했으며 정면 양쪽 끝에 캠퍼닐(종루)을 받치기 위한 여분의 베이를 덧붙였다. 마데르노는 2개의 캠퍼닐을 설계했으나 하나만 지어졌다. 1637년 다른 하나는 잔 로렌초 베르니니가 설계한 다른 모양으로 세워졌다. 베르니니는 알렉산데르

7세의 위촉을 받고 콜로네이드로 둘러싸인 타원형의 광장을 설계해 바실리카의 진입로 역할을 하게 했다.

이 바실리카의 내부는 르네상스와 바로크 미술의 걸작품으로 가득 차 있다. 이 가운데 유명한 것은 미켈란젤로의 〈피에타〉, 베르니니가 만든 주제단 위의 천개, 교차부에 있는 성 롱기누스 조상, 우르바누스 8세의 묘, 앱스에 있는 청동제의 성베드로 주교 등이다. 1989년까지 성베드로 대성당은 그리스도교 교회로서는 가장 큰 교회였으나 같은 해 코트디부아르의 야무수크로에 더 큰 바실리카가 새로 지어졌다.

셀(celluloid) 셀이라 불리는 투명 시트의 원래 명칭은 셀룰로이드이다. 투명 종이 소재에 셀룰로이드가 사용된 것에서 유래한다. 셀은 애니메이션 업계에서 널리 사용되었다. 일본에서는 셀룰로이드 지에 그리는 애니메이션용 그림을 셀이라고도 한다. 이후 디지털 애니메이션으로 전환 후에도 일본서는 셀에 그려진 그림에 해당하는 객체 이름으로 사용되고있다. 셀에 표현하기 위해 윤곽이나 경계선을 명확하게 선으로 그려 색상과 그림자의 그라데이션을 단순화시켜 단계적으로 표현하는 그림을 애니메이션 그림체라고도한다.

셀카봉(Selfie stick) 셀카를 찍는 데 사용하는 액세서리. 2011년 즈음 디지털 카메라 액세서리로 대량 생산품이 등장했지만 초기 대중적인 인기를 끌지 못했다. 아무짝에도 쓸모없는 발명품, '진도구'를 소개하는 1995년 일본의 출판물에서도 개념이 소개되었으며, 최근 1926년 잉글랜드의 한 가정집 앞에서 촬영된 사진에 셀카봉의 원형으로 보이는 부분이 발견되었다.

소셜 네트워크(social network) 사회 연결망 또는 소셜 네트워크는 사회학에서 개인, 집단, 사회의 관계를 네트워크로 파악하는 개념이다.

소실점(vanishing point) 실제로는 평행하는 직선들을 투시도상에서 멀리 연장했을 때 하나로 만나 사라지게 만드는 점.

소프트 맵(soft map) 일본에서 소프맙이라고 부르는, PC 제품 등을 중심으로 판매하는 체인점이다. 아키하바라에는 본점과 어뮤즈먼트관 등 여러 점포가 포진해 있으며, 주로 완구, 피규어, 프라모델, 게임, PC 주변기기 등을 취급하고 있다.

슈퍼플랫(Superflat) 일본의 현대 예술가 무라카미 다카시(村上隆, Murakami Takashi, 1962~)에 의해 제창된 슈퍼플랫은 망가, 아니메 등의 서브컬처에 영향받아 탄생한 포스트 모던 예술 운동이다. 2001년도 무라카미 다카시가 큐레이트한 동명의 전시회 제목이기도 하다.

스크린샷(screenshot) 컴퓨터 모니터에 보이는 그대로를 담은 출력 그림을 말한다. '화면 캡처' 또는 줄여서 '스샷'이라고도 불리며 화면갈무리라고도 한다. 주로 컴퓨터 장치에서 실행하고 있는 운영 체제나 소프트웨어로 화면을 포착해 저장한 디지털 이미지를 말하며, 사진기나 컴퓨터 영상 출력 장치를 통해 캡처한 것을 가리키기도 한다.

스타일러스(stylus) 스타일러스는 금속, 뼈, 상아, 갈대 등으로 끝이 뾰족한 막대기 모양으로 만든 필기구로 주로 글자나 모양을 새기는 데 쓰였다. 현대에는 컴퓨터, 휴대 정보 단말기 등의 스크린을 조작하는 볼펜 모양의 입력 도구를 가리킨다.

스타일러스 휠(stylus wheel) 휠이 탑재된 에어브러시 모양의 입력도구를 뜻한다. 휠을 움직이면 에어브러시를 사용할 때 처럼 플로우 수치가 반응한다.

스테이터스(status) 여기서는 게임 캐릭터의 상태(체력, 호감도, 특수능력 등)를 시각화하는 요소를 뜻한다.

스트로크(stroke) 한 끝에서 다른 끝까지 움직이는 동작. 또는 그 거리.

시각적 촉감(visual tactility) "촉감이란 오감의 하나로서 재료의 속성, 조직 구성, 시각적 요소, 이전 경험과 같은 다양한 요소들이 복합적으로 만드는 촉각적 경험을 의미한다. 이런 촉감은 피부접촉으로 인해 느껴질 뿐 아니라, 물체 표면에 따라서 시각적으로도 다르게 느껴진다. 만지지 않고도 느껴지는 시각적 경험을 본 연구에서는 시각적 촉감이라고 명명하였다." (권현정, 『시각적 촉감과 색채 감성의 연관성에 관한 연구』, 한국색채학회, 2002, 13쪽.)

시라이 세이이치(Shirai Seiichi, 1905~1983) 일본의 근대 건축가. 본디 베를린에서 야스퍼스에게 사사 후 좌익운동에 투신했었던 철학도였다. 장식성이 풍부하고 섬세한 감각과 토착적인 조형성을 살린 건축활동을 통해 일본건축을 향상시켰다는 평을 듣는다.

시뮬레이션(simulation) 복잡한 문제나 사회 현상 따위를 해석하고 해결하기 위하여 실제와 비슷한 모형을 만들어 모의적으로 실험하여 그 특성을 파악하는 일. 실제로 모형을 만드는 물리적 시뮬레이션과 수학적 모델을 컴퓨터상에서 다루는 논리적 시뮬레이션이 있다.

시시디(CCD) Charge-Coupled Device의 약자. 빛을 전하로 변환시켜 화상을 얻어 내는 센서이다. 전하결합소자라고도 부른다. 전하결합소자란 반도체 속에 주입한 소수 반송자 신호를 한 덩어리의 전하로 하여 외부 전압에 의하여 결정 표면과 평행 방향으로 전송할 수 있는 소자를 말한다. 1920년에 미국의 벨 연구소가 발표한 반도체 소자로, 기억 장치의 일종이다. 1센티미터 각의 실리콘 칩 위에 25만 개의 화소가 배열되어, 화상을 전기 신호로 변환하여 전송한다. 비디오카메라, 미사일의 센서 따위에 많이 쓴다.

시엔시(Computerized Numerical Control) 마이크로 컴퓨터 프로세서를 내장한 수치제어 공작기계를 일컫는다. 아날로그 공작기계는 사람의 손으로 공작물을 가공하기 때문에 정밀부품을 대량생산하는 것이 불가능하다. 그러나 CNC는 컴퓨터에 의해서 정확한 수치로 절삭구의 움직임을 자동제어하기 때문에 정밀부품의 대량생산을 가능케 한다. 절삭공구가 입체적인 경로로 이송되면서 극미세한 오차범위 안에서 매끄럽게 곡면 부품을 가공해 주기 때문에 기존방식과는 가공물의 수준이 전혀 다르다. 특히 유체역학, 비정형 부품을 제조하는 데에는 필수적이다. 최초의 CNC 기계가 개발된 것은 1940년대 미국에서의 일이다. 일본은 1957년, 한국은 1977년이 되어서 개발에 성공했다. CNC의 절삭공구인 드릴의 종류와 크기를 다루는 기술 또한 만만치 않다.

컴퓨터 좌표를 물리량으로 재해석하고 결과를 판단하는 눈과 손이 다시 요구된다.

아날로그(analogue) 어떤 수치를 길이, 각도 또는 전류와 같은 연속된 물리량으로 나타내는 일. 예를 들면, 글자판에 바늘로 시간을 나타내는 시계, 수은주의 길이로 온도를 나타내는 온도계 따위. 본문에서는 전자세계와 대비되는 현실에서 사용하는 도구를 지칭한다.

아치(arch) 벽돌이나 석재의 조적조에서 개구부를 하나의 부재로 지지할 수 없는 경우에 쐐기 모양으로 만든 부재를 곡선적으로 개구부에 쌓아올린 구조를 말한다. 이후 상부를 반원형으로 하여 위로부터의 하중을 견디는 아치의 형태는 이후 볼트(vault)로 발전되는 기초가 되었다.

안티에일리어싱(anti-aliasing) 비등방성 필터링과 함께 게임에서 주로 사용되는 그래픽 품질향상 기술. 그래픽 출력장치에서 나타나는 '계단 현상' 제거가 대표적이며 현재는 '서브픽셀 문제' 제거로 포커스가 옮겨 가고 있다. 저장된 컨텐츠를 재생할 때 재생 샘플링 레이트가 원본 측과 상이하여 원본을 충분히 재생하지 못하는 현상을 에일리어싱이라고 하며, 안티에일리어싱은 이를 해결하기 위한 기술이다. 에일리어싱 발생을 최소화하기 위해서는 재생하는 기기 측 샘플링 주파수가 원본의 샘플링 주파수의 2배 이상이어야 하지만, 문제는 벡터그래픽 및 3D그래픽의 원본(좌표)을 서로 다른 매체로 옮길 때 발생한다. 즉, 이상적 현실화라는 개념에서 좌표의 해상도란 무한대이므로 단지 기술만으로는 해결되지 않는다.

양식(style) 시대나 부류에 따라 각기 독특하게 지니는 문학, 예술 따위의 형식. 문맥상 건축 양식을 말한다. 건축 양식은 형태, 기술, 물질, 기간, 지역 등의 영향을 이용하여 건축을 분류하는 것을 가리키는데, 이는 건축의 진화와 역사 연구와 관련된다. 이를테면 고딕 건축의 연구는 이러한 구조적 설계와 건축에 포함되는 전반적인 문화적 환경을 포함한다. 그러므로 건축 양식은 디자인 기능을 강조한 건축을 분류하는 하나의 방법이다.

에이케이-47(AK-47) 세계에서 가장 널리 사용된 무기의 하나인 소련의 공격용 소총. 인류 역사상 가장 많은 사람을 죽인 무기. 혁명과 저항, 반란과 테러의 상징물. 일인칭 슈팅게임의 단골 아이템이다. M16 시리즈와 함께 이후 개발된 모든 돌격소총의 기원이 되었다.

에이케이비48(AKB48) 아키모토 야스시 프로듀서에 의해 2005년 결성된 일본의 여성 아이돌 그룹이다. AKB48는 '만나러 갈 수 있는 아이돌'을 콘셉트로 하여 아키하바라의 AKB48 극장을 그들의 전용 극장으로 삼아 거의 매일 공연을 하고 있다. 이로써 대중매체를 통해서만 접할 수 있던 머나먼 존재였던 아이돌을 가까이에서 느끼도록 하며 팬들에게 그 성장 과정을 여과없이 공개하고, 그들과 함께 성장하고 있다. 좁은 의미로는 일본 도쿄 도 아키하바라를 근거지로 활동하는 동명의 그룹만을 지칭하고, 넓은 의미로는 나고야, 오사카, 규슈, 및 해외의 인도네시아 자카르타, 중화민국 타이페이 시, 중화인민공화국 상하이 시를 거점으로 활동하는 모든 자매 그룹까지 포괄적으로 지칭하며, 이 경우 대중 매체 등에서는 관습적으로 〈AKB48 그룹〉 혹은 〈48 그룹〉이라는 용어를 사용하고 있다. 21세기 전자공간의 취향공동체, 시각문화, 네트워크를 설명하는 대표적인 아방가르드 아이콘은 아이돌 문화 정도일 것이다.

오포지션(oppostion) 반대. 저항. 대립. 정치적 야당. 체스에서, 오포지션은 두 왕이 홀수 스퀘어를 사이에 두고 서로 마주보는 상황을 말하기도 한다. 건축가 피터 아이젠만이 참여하고 편집을 담당했던 건축 잡지의 이름도 『오포지션』이다. 그는 인터뷰에서 잡지 이름을 굳이 '오포지션'이라고 정한 것은 저항을 위한 것이 아닌, 0(제로) 포지션의 의미였다 회고한다.

와이어프레임(wireframe) 3차원 컴퓨터 그래픽의 렌더링 기법의 하나이다. 3차원 객체를 선형 모양만으로 표현하는 것이다.

원주율(pi) 유클리드 평면에서 원은 크기와 관계없이 언제나 닮은 도형이다. 따라서 원의 지름에 대한 둘레의 비는 언제나 일정하며 이를 원주율이라 한다.

위상(topology) 수학에서 위상공간은 수렴(convergence), 연결(connectedness), 연속(continuity) 같은 개념의 형식화를 가능하게 해 주는 구조이다. 이 개념들은 현대 수학의 모든 분과에서 나타나며 통합적인 개념이다. 위상공간을 그 자체로서 연구하는 수학의 분과를 위상수학이라고 한다. 위상공간 개념은 기하학적 도형 개념의 일반화로 파악될 수도 있다. 하지만 일반화를 통해 공간 속 도형의 부분들의 정확한 위치나 크기 같은 자잘한 특성들에서 벗어나 지체들의 상호 배치에만 전념할 수 있다.

이윤성(Yunsung Lee, 1985~) 한국의 예술가.

입면(elevation) 입면도. 투상도의 한 가지. 입면도에는 물체를 정면에서 본 모양을 나타낸 정면도와 물체의 뒷면을 나타낸 배면도 및 옆면의 모양을 나타낸 측면도의 세 가지가 있다.

정 현(Hyun Chung, 1981~) 한국의 건축가.

주상절리(Jusangjeolli) 주상절리는 용암이 식으면서 기둥 모양으로 굳은 것인데, 기둥 단면은 4각~6각형으로 다양한 모습을 보인다. 유동성이 큰 현무암질 용암류가 급격히 냉각되면 큰 부피 변화와 함께 수축하게 된다. 이때 용암이 식으면서 최소한의 변의 길이와 최대의 넓이를 가지는 "육각기둥"의 모양으로 굳는 경향을 보인다.(원은 선의 길이를 가장 효율적으로 사용하여 같은 길이 대비, 다른 도형보다 넓이가 크지만 원으로는 빈틈없이 조밀한 구조를 생성할 수 없다. [도판.4] 참조.) 수축이 진행되면 냉각 중인 용암 표면에서 수축의 중심점들이 생기게 된다. 이런 지점들이 고르게 분포하면 그 점을 중심으로 냉각-수축이 진행되면서 다각형의 규칙적인 균열이 생기게 된다. 균열들이 수직으로 발달하여 현무암층은 수천 개의 기둥으로 나뉘게 된다. 이들은 용암의 두께, 냉각 속도 등에 따라 높이 수십 미터, 지름 수십 센티미터의 다양한 모습으로 발달한다. 제주도 중문 해안의 주상절리대가 유명하다.

중철 스테이플러(saddle stapler) 주로 카탈로그, 팜플렛 등 쪽수가 많지 않은 제본에 주로 쓰이는 중철은 제본하고자 하는 두 장 이상의 종이를 겹쳐 반으로 접은 후, 그 가운데의 접은 선 상에 스테이플러로 철심을 박아 제본하는 형식이며 중철 스테이플러는 가는 금속 부품(스테이플)을 이용해 종이를 중철 제본 형태로 고정시키는 장치다.

진(zine) 팬진(fanzine)의 약어이며 잡지(magazine)를 뜻하기도 한다. 적은 페이지의 텍스트와 이미지로 구성된 규모가 작은 독립 간행물을 말한다. 진은 일반적으로 소수의 관심을 대상으로 적게는 열 부에서 많게는 만 부까지 발행된다. 출판을 통한 이익을 바라지 않고 기존 대중잡지에서 다루지 않는 마니아들을 위한 콘텐츠의 간행물이 대다수.

컨벤션(convention) 특정한 영역이나 행위 안에서 으레 하는 방식.

컬럼나 조인팅(columnar jointing) 가깝게 놓여 교차된 결절들이 일정한 배열로 형성된 다각형 프리즘이나 기둥으로 고착화된 지질학적 구조다. '절리'라고 부른다.

타원형(ellipse) 타원이란 평면 위의 두 정점으로부터의 거리의 합이 일정한 점의 집합으로 만들어지는 곡선을 이르는 기하학 용어이다. 타원을 정의하는 기준이 되는 두 정점은 타원의 초점(focus)으로 불린다. 타원 상에서 두 개의 초점으로부터 거리가 같은 두 점을 잇는 선분을 단축(짧은 축)이라고 하며, 두 개의 초점으로부터의 거리의 차가 최대인 두점을 잇는 선분을 타원의 장축(긴 축)이라고 한다. 축척에 상관없고 동일한 반경으로 늘리거나 줄여도 모두 닮음인 원과는 달리, 타원은 길고 짧은 축의 비율이 동일해야만 닮은 꼴이다. (두께를 염려해야 하는) 실물 제작에 있어 도전적인 과제이다. 벡터선을 따라 움직이는 원과 타원외곽선은 패턴 주기성이 달라질 것임을 예상해 볼 수 있다. [도판7] 참조.

트레이스(trace) 본래 지도나 도면 등을 제작할 때의 복제 행위를 가리킨다. 추적이라는 의미 그대로 원안을 다른 매체에 옮기기 위한 방법으로 고안된 것이다.

트레이싱 페이퍼(tracing paper) 트레이싱 페이퍼는 빛이 비칠 수 있는 낮은 투명도의 종이를 말한다. 원래는 건축가와 디자인 엔지니어들이 그린 그림을 청사진으로 정교하게 복사하기 위해 고안된 재료였고, 이후 많은 영역의 전문가들이 애용하게 되었다. 기술이 발전하면서 청사진이나 수작업 복제가 더는 필요하지 않게 되어 드로잉과 트레이싱을 위한다는 본래 사용 목적은 많이 대체된 편이다.

텍스처(질료)(texture(material)) 나무, 돌, 살갗 따위 물질 조직의 굳고 무른 부분이 모여 일정하게 켜를 지으면서 짜인 바탕의 상태나 무늬를 말한다. 질료가 가진 성질은 가공단계에서 독특한 무늬를 갖게 한다. 이는 가공의, 혹은 질료 자체의 생성 등 시간성을 드러낼 수 있는 요소이다. 건축가의 설계도를 통해 만들어지는 건축물은 다층 시간 경과로 형성된 질료의 구성이다. 다층의 질료들은 실제 건설 속도와는 판이한 감각을(무시간성을) 나타낸다.

파라미터(parameter) 매개변수를 뜻하는 파라미터는 구문연산에서 이벤트, 프로젝트, 상황과 같은 특정 시스템을 재어 볼 수 있게 만드는 중요한 요소이다. 수학과 통계학에서는 어떤 시스템이나 함수의 특정 성질을 나타내는 변수를 말한다. 함수 수치를 정해진 변역에서 구하거나 시스템 반응을 결정할 때, 독립변수는 변하지만 매개변수는 일정하다.

판화 도구 지오메트리(engraving tool geometry) 판화 도구를 날카롭게 만들 때 판화 도구의 지오메트리는 대단히 중요하다. 그레이버는 꼭대기 부분에 얼굴이라 불리는 꼭짓점과, 뒤꿈치라 불리는 바닥지점(heel)이 있다. 뒤꿈치의 기하 형태와 길이는 도구가 금속 표면을 긁는 데 필요한 부분이다. 얼굴과 뒤꿈치의 꼭짓점이 부서지거나 금이 가면, 미시 레벨에서 제어가 어려워지고 예상치 못한 결과를 만들어 낸다. 기술 발전을 거듭해 현대에는 새로운 타입의 탄소화합물을 사용하므로 짐이나 금이 가는 경우가 적고 계속 꼭짓점을 갈아야 했던 전통 도구들보다는 훨씬 오래간다.

패턴(기하)(pattern (geometry)) 프랑스어 낱말(patron)에서 온 것으로, 되풀이되는 사건, 물체의 형태를 가리킨다. 물체들의 집합 요소로 부르기도 한다. 요소들은 예측 가능한 방식으로 되풀이된다. 가장 기본적인 패턴은 반복과 주기성에 기반을 둔다. 예컨대 테셀레이션이라 불리는 대표적인 패턴은 평면 도형을 겹치지 않으면서도 빈틈없이 모으는 것. 건축은 구축을 위한 수학적 기하 도형에 기반을 두고 있으며 집합-패턴을 위한 시작-도형의 선택은 ― 설령 알고리즘을 사용하더라도 ― 바로 건축가의 눈을 통해 이루어진다.

페이드(fade) 명도와 채도 모두 서서히 사라지는 파라미터

페이지 레이아웃(page layout) 디자인(종이, 웹 등), 건축 설계, 인테리어(전시장, 전시실 설계, 전시실 디자인 등), 도서, 잡지, 신문 등에서 무엇을 어디에 어떻게 배치하고, 할당하는 행위를 의미한다. 편집 디자인이라고도 하며, 그래픽 디자이너, 에디토리얼 디자이너, 아트 디렉터 등이 담당한다.

펜 프레셔(pen pressure) 스타일러스의 압력 수치에 따라 결과가 바뀌는 것.

펜 틸트(pen tilt) 스타일러스를 기울이는 것.

평면(plan) 평면도. 건물 구조 배치를 수평으로 절단하여 보여 주는 그림. 수학 또는 건축에서 사용되는 용어다. 일반적으로 구조물을 위에서 보고 그린 그림으로 건물 각층을 일정 높이의 수평면에서 절단한 면을 수평 투사한 도면. 출입구, 창 등의 위치와 각층의 방 배치 등을 나타낼 목적으로 사용되며 실내 가구의 배치 또는 기구가 기계의 평면적인 크기나 위치를 나타내는 경우도 있다.

포스트 프로덕션(post production) 녹음 및 녹화, 사진 촬영, 영화, 비디오, 텔레비전 프로그램, 디지털 아트의 제작 과정 중 하나를 가리키는 말로서 실제 촬영이 모두 끝난 뒤에 이루어지는 생산 작업을 통틀어 말하는 일반 용어이다.

포토샵용 디지털 브러시(Photoshop brush) abr 확장자를 사용하는 디지털 브러시. 판상형 브러쉬 또한 포토샵에서 사용을 목적으로 만들어진 것이다.

풍경(landscape) 눈에 보이는 어떤 정경이나 상황. 비슷한 말로는 경관, 광경 등이 있다. 이 책은 일본어 풍경의 의미에 주목한다. 일본어 풍경은 영어나 한국어와 조금 다른 의미를 지닌다. 일본어 경관이 객관적인 조경을 말하며 주로 도시 등 인공적인 것을 뜻한다면(예를 들어 도시 경관), 풍경은 주관적인 조경으로 연속적이고 지속적인 것에 대해(예를 들어 자연 풍경) 사용하는 경우가 많다.

프로젝션(projection) 사진 영사기의 이미지를 어딘가에 투사하는 것. 혹은 객체, 객관화된 관념이나 생각. 감정의 투영.

프로젝트(project) "건축가의 작품에는 프로젝트와 프랙티스가 있다."(피터 아이젠만) 이 책에서는 흔히 이야기하는 '계획'이 아닌 '투사하다'의 동사에 더 가깝게 사용한다. 그 이유는 첫째로 건축 도면은 3차원이 2차원에 투사된 결과이기 때문이다. 또한 건축가 르 코르뷔지에로 대표되는 현대 건축가들이 꿈꾼 이상적인 인간의 길, "바른 도로(길)" 또한 지형 수직 위계에 상관없이 정사영 투사된 방법론을 지칭하고자 함이 아닐까 했기 때문.

프로포지션(proposition) 명제. 사물, 속성, 관계 등을 나타내는 개념과 달리, 명제는 어떤 속성이 어떤 사물에 속한다든지 어떤 사물들 간에 어떤 관계가 성립한다는 사태를 나타낸다. 정치학에서 프로포지션이란, 야당에 반하며 현 정부에 친화적인 의회의 정당과 계파, 그리고 개인을 지칭할 때 드물게 사용되는 용어다.

피규어(figure) 2차원에서 원이나 사각형처럼, 하나 혹은 여러 개의 선으로 만들어지는 형태. 혹은 구나 직육면체처럼 3차원 공간에서 하나나 여러 개의 면.

피터 아이젠만(Peter Eisenmann, 1932~) 미국의 건축가이자 교육자. 찰스 과스메이, 존 헤이덕, 리차드 마이어, 그리고 마이클 그레이브스와 함께 손꼽히던 뉴욕 파이브의 일원이었다. 각각의 건축가들은 개성 있는 스타일과 이상을 발전시켜 왔는데 아이젠만은 해체주의와 연계한다거나 디지털 건축 설계의 발전을 돕는 등 독자적인 행보를 보인다. 최근에는 디지털 도구를 적극 활용한 설계를 주창하던 그레그 린, 자하 하디드와 자신을 떨어뜨려 놓고, 피라네시(Giovanni Battista Piranesi, 1720~1778)의 캄포 마르지오 지도와 같은 건축 역사 속의 메타 프로젝트를 주목한다. 현재 예일대학교 건축과 교수.

필리포 브루넬레스키(Filippo Brunelleschi, 1377~1446) 르네상스 건축의 선구자로 꼽힌다. 대표작은 피렌체 대성당의 돔으로, 자신이 특별히 고안한 기계를 사용해 만들었다. 투시도의 창안자로도 알려진 그는 건축활동 초기 이미 선형 투시도 구조의 원리를 재발견했다고 한다. 이는 대성당의 돔 건설을 위한 기계 제작에도 필수적이었다. 20세기 중반에 들어 비평가들은 그의 건축을 르네상스 건축의 토대로 보는 이전 시각을 수정했다. 그의 건축은 두 세계, 즉 저물어 가는 고딕 시대와 초기 르네상스 시대의 맥락 속에서 이해되고 있다. 건축과 시공에 대해서는 여전히 고딕 형태에 깊이 의존했지만 인문주의적인 이상에 바탕을 둔 과학관과 예술관을 지닌 예술가로 보고 있다.

하이르네상스(High Renaissance) 예술사에서 이탈리아 르네상스의 전성기를 뜻하는 명칭이다. 하이르네상스 시기는 1490년 밀란에서의 레오나르도 다 빈치의 〈최후의 만찬〉 프레스코와 플로랑스의 로렌조 메디치의 죽음을 지나 1527년 찰스 5세 군대의 로마의 약탈로 끝난다. 하이르네상스라는 명칭이 최초로 사용된 시기는 19세기 독일에서였고 조나단 조아킴 윙켈만이 묘사한 회화와 조각의 하이스타일(High Style)에서 유래하였다. 지난 20년 간 이 용어는 많은 학자들과 미술사학자들로부터 예술 사조의 발전에 비추어 볼 때 역사적 맥락을 무시하고 몇몇 상징적 작품에만 초점을 맞춘 지나친 일반화라 비판받았다.

헤르조그 앤드 드 뫼롱(Herzog and De meuron, 1978~) 스위스 바젤에 1978년 설립된 스위스 건축 사무소이다. 공동 창립자이며 대표인 자크 헤르조그와 피에르 드 뫼롱은 1950년생 동갑으로, 취리히 연방공과대학교를 함께 다녔다. 이들은 거대한 뱅크사이드 발전소를 새로운 테이트 모던 갤러리로 개조한 것으로 잘 알려져 있다. 2001년 헤르조그 앤드 드 뫼롱은 건축가에게 최고의 영예인 프리츠커 상을 받았다. 심사위원장인 존 카터 브라운은 "역사상 이토록 위대한 상상력과 탁월한 기량으로 건축의 외피 재료를 다룬 건축가가 있었다고 생각하기 어렵다."라고 언급했다.

현상학적 투명성(phenomenal transparency) 직설적 투명성(literal transparency)에 대한 반대어로, 건축 이론/역사가 컬린 로(Colin Rowe, 1920~1999)의 책, 『투명성(Transparency)』에서 유래하였다. 로우는 이를 "(건물 구성요소들 간)조직에 내재한 본성"으로 묘사했다. 이른바 서로 다른 거리에 위치한 투명하지 않은, 있는 그대로의 (빛을 통과시키지 않고 그림자를 만드는) 요소들이 만들어 내는 긴밀한 관계항이다. 로우는 건축가 르 코르뷔지에의 빌라 가르셰(Villa Garche)를 예시로 들며 말한다. "……여기엔 드러나는 사실과 숨겨진 것들의 끝없는 긍정과 부정을 통해 도출되는 결론이 있다. 깊은 공간의 현실감은 계속해서 얄팍한 공간이 나타내는 것들에 대항한다. 총체적인 긴장감은 (건물을) 읽고 또 읽게 만든다."

황금비(golden ratio) 어떠한 선으로 이등분하여 한쪽 평방을 다른 쪽 전체 면적과 같도록 하는 분할이다. 황금비 또는 황금분할은 주어진 길이를 가장 이상적으로 둘로 나누는 근삿값이 약 1.618인 무리수이다.

EH(1983~) 한국의 건축 사진가.

1인치당 72개의 픽셀(72ppi) 해상도는 보통 1인치(25.4밀리미터) 안에 표현되는 픽셀 개수나, 점의 수로 표현한다. 웹 브라우저는 흔히 1인치당 72개의 화소 비율의 해상도라 알려져 있으며 본문에서도 바로 그런 의미로 사용하였다. 하지만 1980년대 중반 이래로 컴퓨터 시스템에서 72픽셀 밀도는 사용하지 않는다. 많은 웹 이미지 확장자들은 피피아이(ppi)나 디피아이(dpi) 설정을 저장하지 않고, 단지 이미지의 가로와 세로 길이 설정을 저장한다. 이것이 레티나 디스플레이와 같은 고해상도 디스플레이에서 저해상도 환경에서 제작된 어플리케이션 아이콘이나 웹페이지 이미지들이 뿌옇게 보이는 이유이다. 게다가 72디피아이는 윈도 환경에선 틀린 표현이다. 윈도 시스템은 96픽셀 밀도가 기본이기 때문이다. 12포인트의 문자는 맥킨토시에서 12도트로 표시되지만 윈도에서는 16도트로 표시된다. 마이크로소프트 워드에서 작성한 A4 사이즈의 100퍼센트 표시 넓이는 기본 어도비 일러스트레이터로 작성한 A4 사이즈의 100퍼센트 표시 폭의 96/72, 즉 4/3 정도가 커진다. 윈도에서 디자인된 웹페이지가 맥킨토시의 브라우저에서는 문자가 작고 레이아웃의 간격이 늘어나 보이는 것도 같은 이유에 의한다. 최근에는 윈도와 맥킨토시 그 어느 쪽 모니터 해상도도 임의로 조정할 수 있게 되어, 화면 사이즈와 프린트 출력의 사이즈가 반드시 일치하지 않게 되었다.

1점 투시(one point perspective) 소실점이 화면의 중앙에 수렴하는, 가장 보편적인 2차원 평면에서의 공간 재현 시스템이다. 투시도는 건축가 브루넬레스키가 창안하고(재발견하고), 알베르티가 구전과 감각으로 떠도는 것을 이론, 체계화하였다고 알려져 있다.

2채널(2ch) 일본의 익명 커뮤니티 사이트이다.

6에이치(6H) 제도용 연필 경도의 범위는 가장 연한 HB부터 가장 단단한 10H까지이다. 연필의 진하기는 침전된 흑연의 작은 입자의 수에 달려 있는데 이 입자는 연필심의 경도와는 관계없이 검기가 똑같으며, 입자의 크기와 개수가 연필의 진한 정도를 결정한다. 연필심의 경도는 종이의 섬유질에 의한 마멸을 연필심이 얼마나 견디는가를 나타내는 척도이다. 건축가 시그루트 레베렌츠(Sigurd Lewerentz, 1885~1975)는 건축 도면과 렌더링을 위해 6H 경도의 연필심을 사용하였다고 한다. ✦

M/F models / 목록 모형(들), 2014. 건축 사진가 EH는 이번 장에서 포토샵 브러시 테스트 이미지를 프린트하고 그것을 다시 디지털 공간에 담는 것을 비롯한 열다섯 점의 사진을 선보인다. 〈목록 모형(들)〉로 명명된 이 시리즈는 화물선 등에서 사용하는 Manifest (M/F) models, 즉 적화 목록(들)이라는 용어에서 먼저 기인했다 보는 것이 맞겠지만 또 지금은 한물간, "(사진-예술가의) 선언 모델(들)"이란 의미로도 받아들일 수 있겠다.

작품들 안에서는 사진사의 이상이나 철학을 내비추려 한다 보기에는 모호한, 모델이라 명명된 사물들이 앞장서고 있는데, 접히고, 포장되고, 좌표축이 뒤집혀 버린, 이른바 자의적으로 조작된 사물-모형들이다. 사진 속 사물들은 제 고유의 물질성을 결여한 듯, 어울리지 않는 물질성을 획득한 듯, 때로는 무중력 공간에 떠 있는 듯 펼쳐져 있다. 여기에 더해 사진가는 광학편집도구에 크게 기대지 않는, 그다지 노력이 필요 없는 기술을 추구하는 것처럼 보인다.

나는 그가 전통적인 의미의 사진술을 부활시키려는 음모를 꾸미고 있는 것이 결코 아니란 걸 확신한다. 그는 다만 프린터에서 인쇄되었거나 발광하거나 빛을 반사하고 굴절시키는 여러 가지 질료를 골라 자신의 방-일상공간에 배치하는 것을 순수하게 즐기는 것일 뿐이다. 스위스 로잔의 그의 방에는 거꾸로 올라가도록 만든 전선, 인터넷으로 구매한 책, 외장하드, 특별한 날에 받은 수건, 상해서 단단해진 요구르트 등 일련의 평범하고 특별한 —자의적이고 또 필연적인— 일상 속 기념비들도 함께 놓여 있다. 이제 그에게 남은 할 일이란 카메라 버튼을 눌러 이미 기이해져 버린 일상 공간의 일부를, 정해진 셔터 속도에 맞춰 이 책의 발행인이 우선 제시한 프레임 사이즈(90mm×150mm)의 비율에 맞춰 담아 내는 것 뿐이다. (적화 목록은 무엇보다도 사실과 부합되도록 작성하여 제출되어야 하며, 만약 그러지 못할 경우에는 선장, 기장은 물론 그의 사용주에게까지 관세법에 따라 무거운 벌칙이 적용된다.)

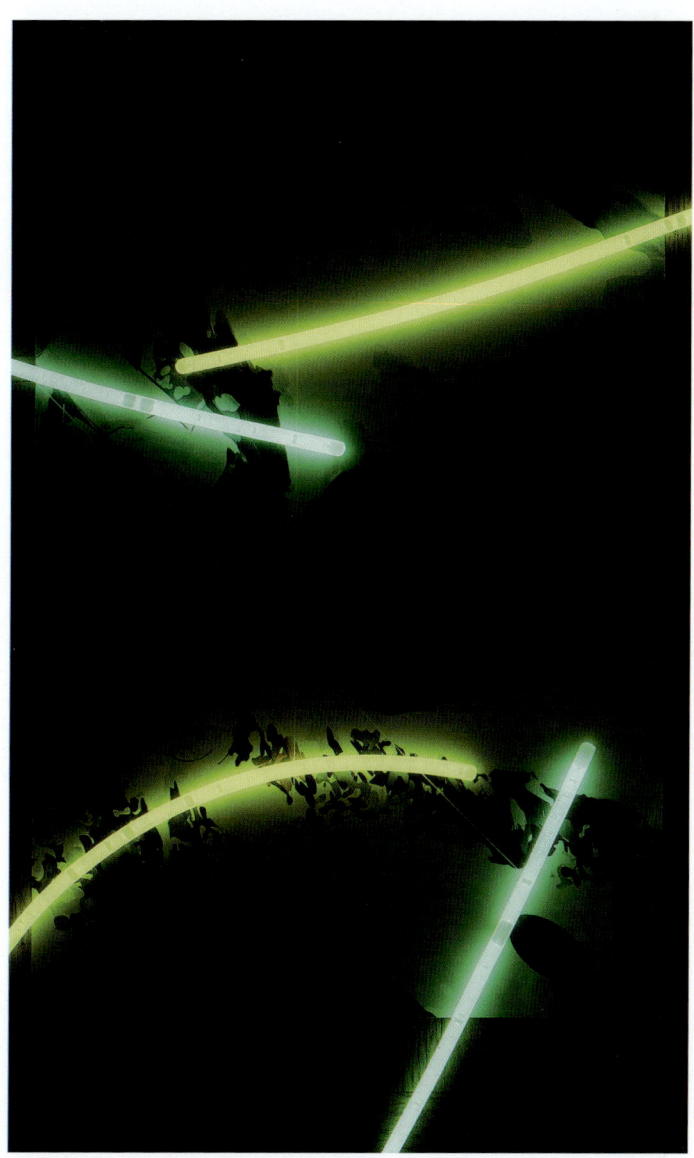

7.

141

145

147

149

150

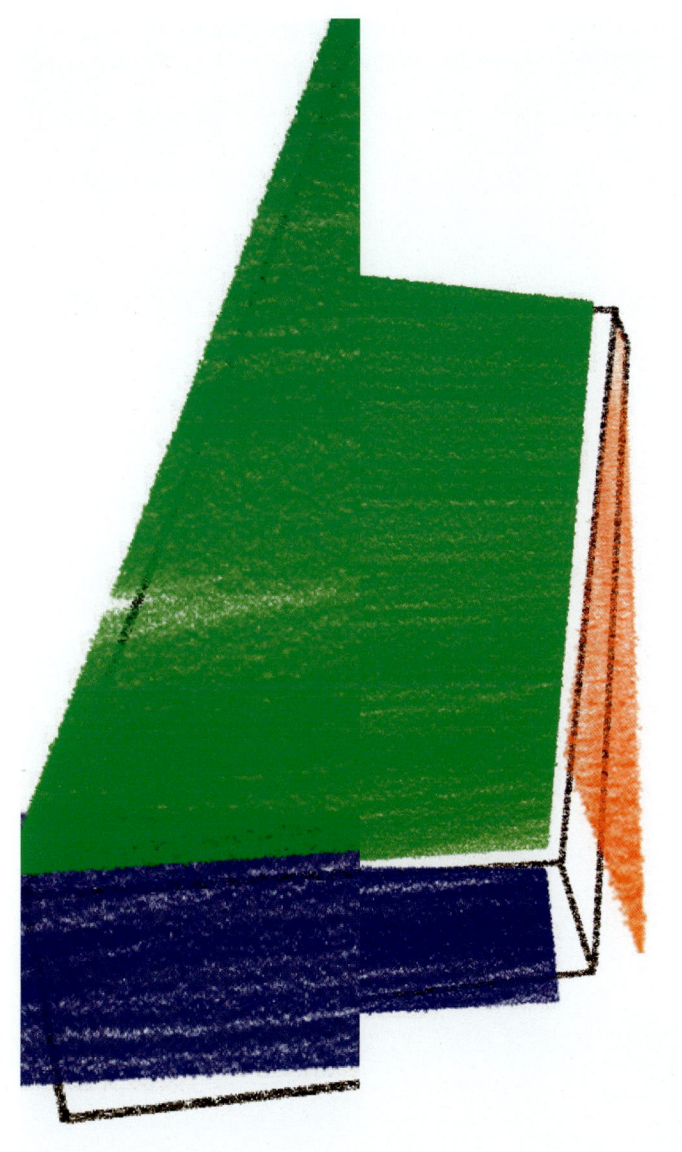

151

153

154

155

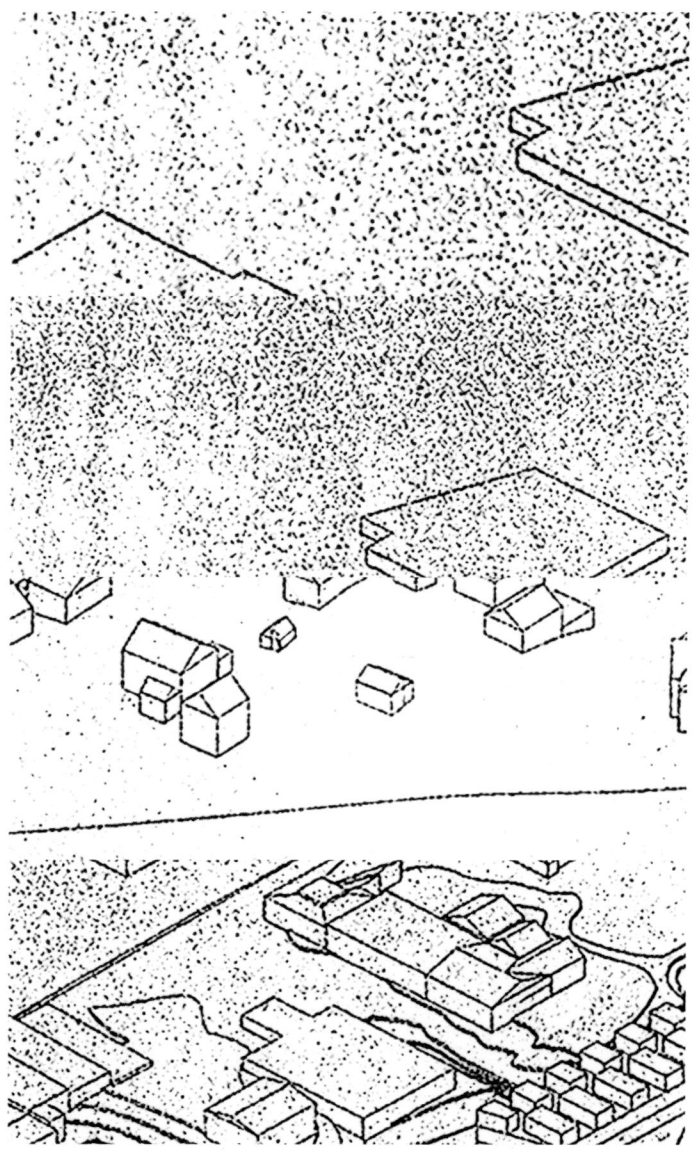

158

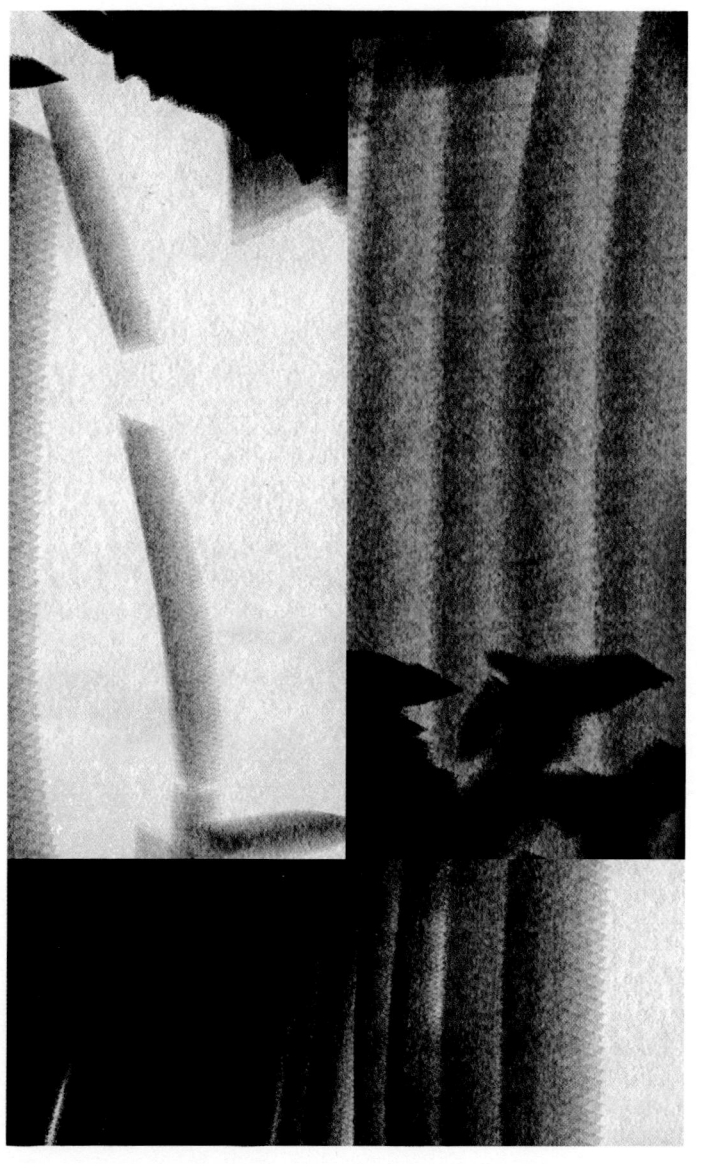

159

161

163

169

171

173

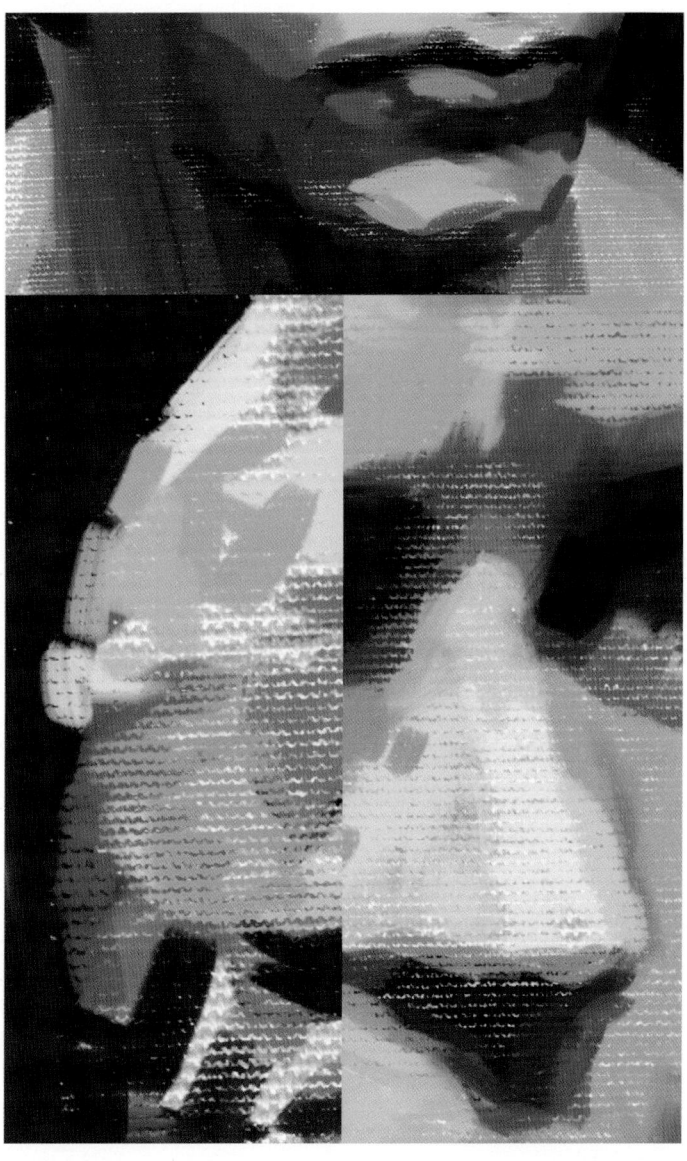

177

179

181

184

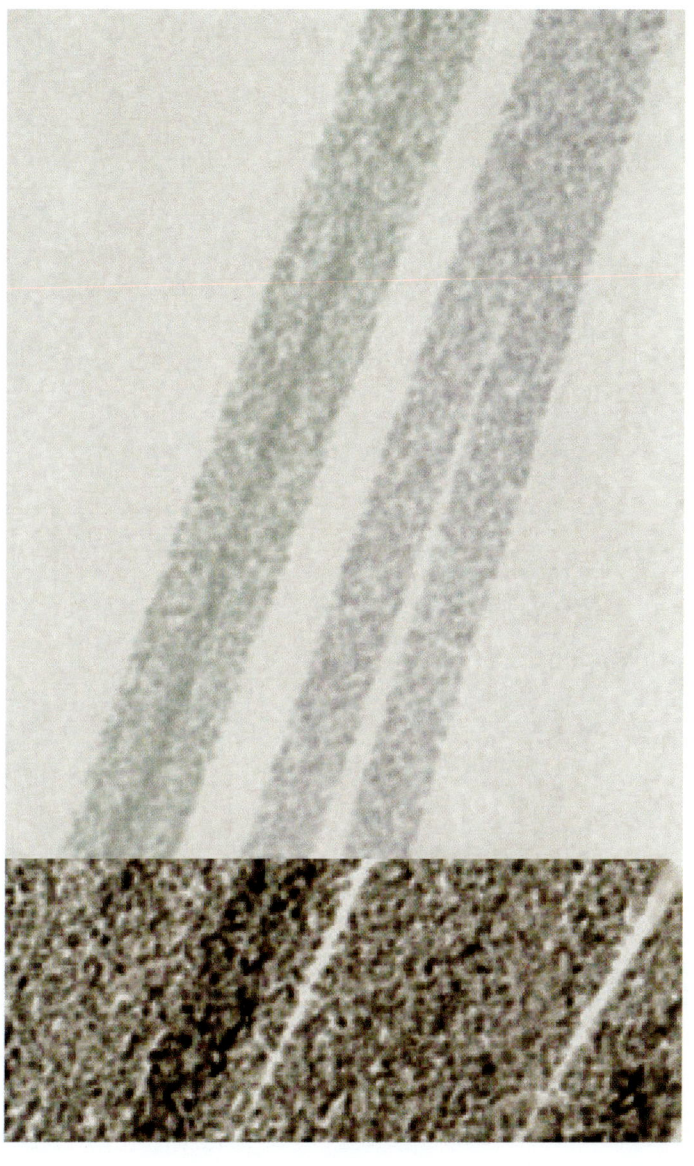

189

193

197

201

203

210

215

217

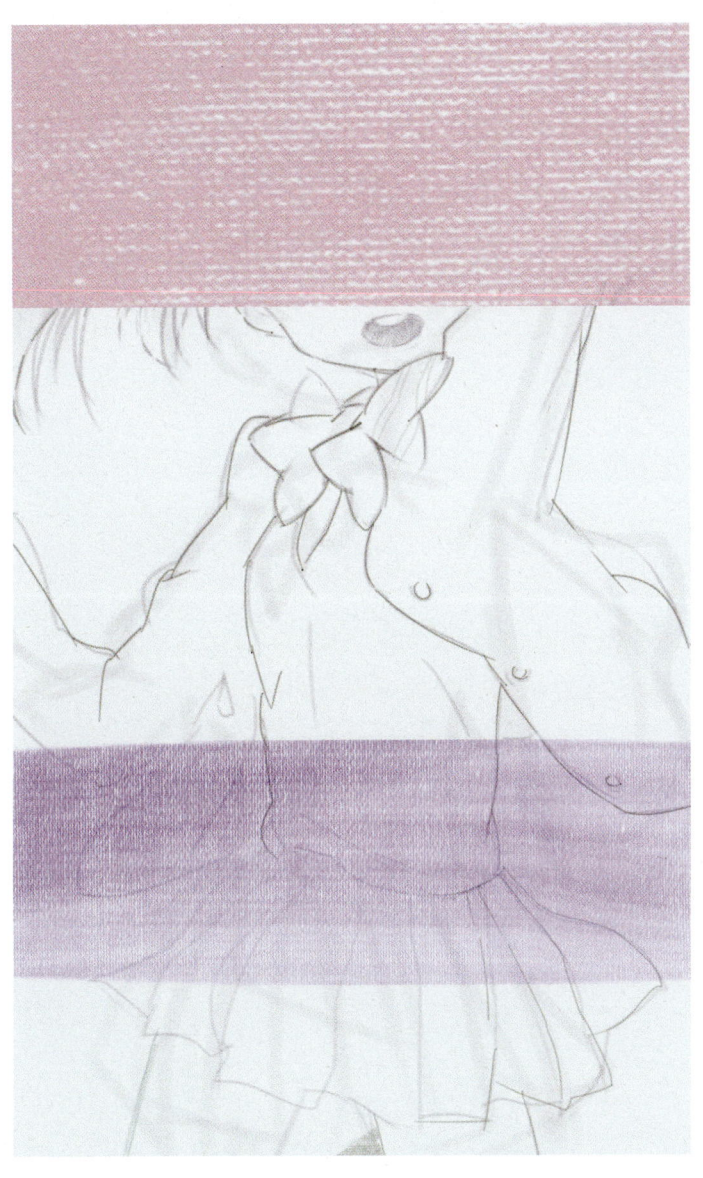

221

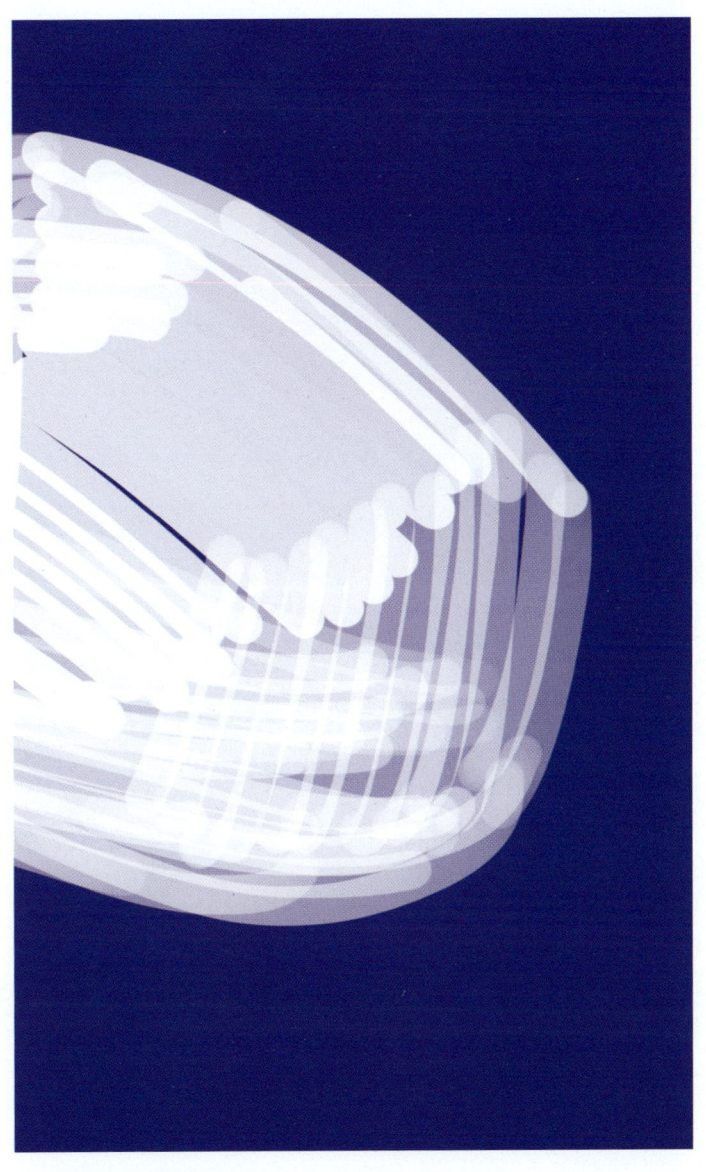

223

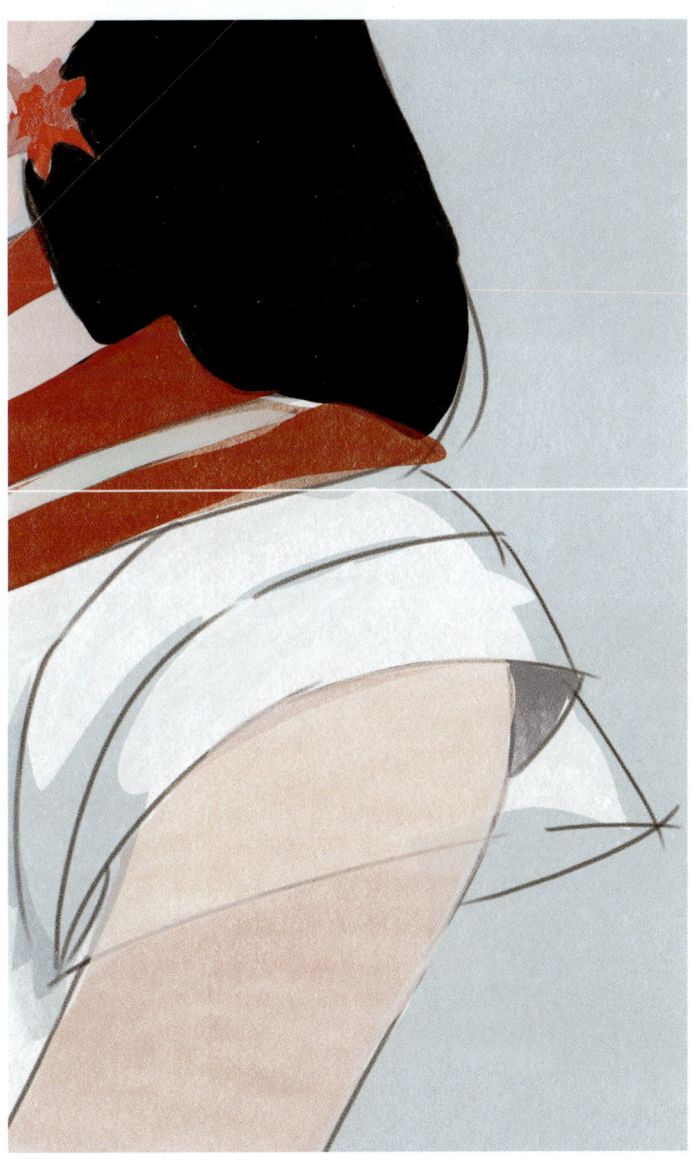

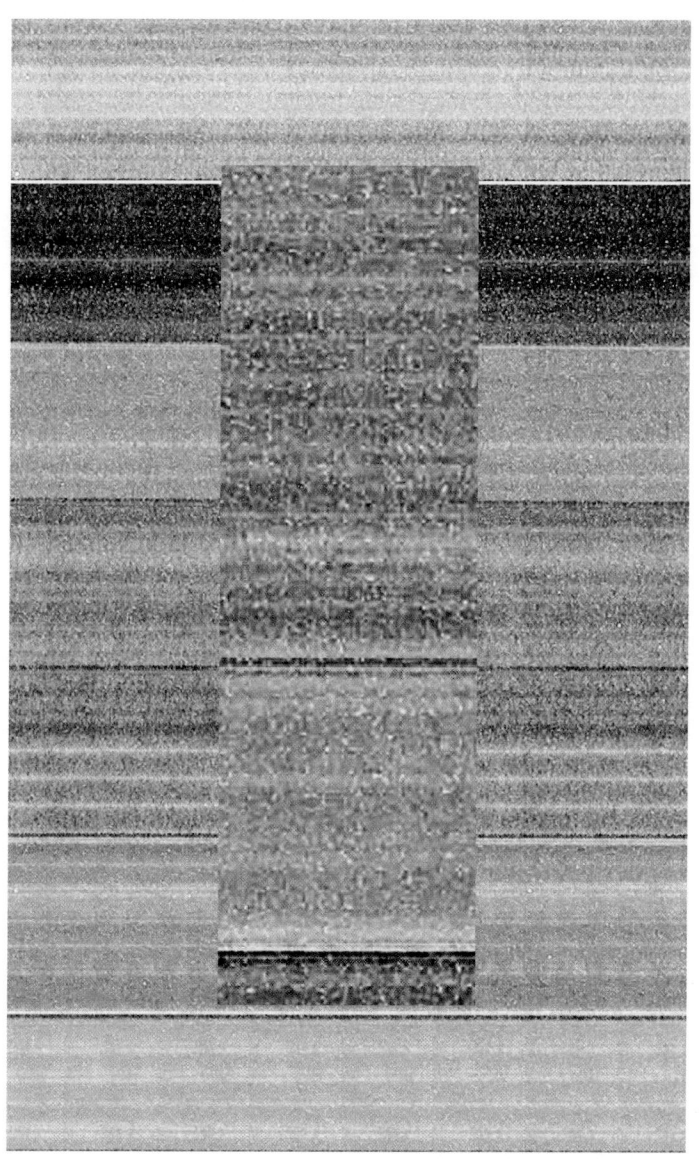

227

229

231

232

233

235

239

8.